Chandan Deep Singh
Rajdeep Singh
Harleen Kaur

Análise de impacto dos factores de risco e das técnicas operacionais em SCM

Chandan Deep Singh
Rajdeep Singh
Harleen Kaur

Análise de impacto dos factores de risco e das técnicas operacionais em SCM

ScienciaScripts

Imprint

Any brand names and product names mentioned in this book are subject to trademark, brand or patent protection and are trademarks or registered trademarks of their respective holders. The use of brand names, product names, common names, trade names, product descriptions etc. even without a particular marking in this work is in no way to be construed to mean that such names may be regarded as unrestricted in respect of trademark and brand protection legislation and could thus be used by anyone.

Cover image: www.ingimage.com

This book is a translation from the original published under ISBN 978-620-2-02121-0.

Publisher:
Sciencia Scripts
is a trademark of
Dodo Books Indian Ocean Ltd. and OmniScriptum S.R.L publishing group

120 High Road, East Finchley, London, N2 9ED, United Kingdom
Str. Armeneasca 28/1, office 1, Chisinau MD-2012, Republic of Moldova, Europe
Printed at: see last page
ISBN: 978-620-7-78774-6

ÍNDICE DE CONTEÚDOS

CAPÍTULO-1

INTRODUÇÃO

1.1 Gestão da cadeia de abastecimento

A gestão da cadeia de abastecimento é definida como a conceção, o planeamento, a execução, o controlo e a monitorização das actividades da cadeia de abastecimento, com o objetivo de criar valor líquido, construir uma infraestrutura competitiva, tirar partido da logística mundial, sincronizar a oferta com a procura e medir o desempenho a nível global. Inclui a coordenação e a colaboração de processos e actividades em diferentes funções, tais como marketing, vendas, produção, conceção de produtos, aprovisionamento, logística, finanças e tecnologias da informação no âmbito da rede de organizações. [3]

A cadeia de abastecimento é o sistema através do qual as organizações adquirem, fabricam e entregam os seus produtos de acordo com a procura do mercado. As operações e decisões de gestão da cadeia de abastecimento são, em última análise, desencadeadas por sinais de procura ao nível do consumidor final. A gestão da cadeia de abastecimento exige a gestão de actividades, recursos e intervenientes ao longo das fronteiras funcionais e organizacionais, bem como através de diferentes níveis da organização. [7]

A gestão da cadeia de abastecimento é uma abordagem multifuncional que inclui a gestão do movimento de matérias-primas para uma organização, certos aspectos do processamento interno de materiais em produtos acabados e o movimento de produtos acabados para fora da organização e para o consumidor final. À medida que as organizações se esforçam por se concentrarem nas competências essenciais e por se tornarem mais flexíveis, reduzem a propriedade das fontes de matérias-primas e dos canais de distribuição. Estas funções estão a ser cada vez mais subcontratadas a outras entidades que podem realizar as actividades de forma melhor ou mais rentável. O efeito é aumentar o número de organizações envolvidas na satisfação da procura dos clientes, reduzindo simultaneamente o controlo da gestão das operações logísticas diárias. Menos controlo e mais parceiros na cadeia de abastecimento levaram à criação dos conceitos de gestão da cadeia de abastecimento. A SCM procura melhorar o desempenho competitivo, integrando estreitamente as funções internas de uma empresa e ligando-as eficazmente às operações externas de fornecedores, clientes e outros membros do canal. [6]

Numa cadeia de abastecimento típica, as matérias-primas são adquiridas e os artigos são produzidos numa ou mais fábricas, enviados para armazéns para armazenamento intermédio e depois enviados para retalhistas ou clientes. Consequentemente, para reduzir os custos e melhorar os níveis de serviço, as estratégias eficazes da cadeia de abastecimento devem ter em conta as interacções nos vários níveis da cadeia de abastecimento.

A cadeia de abastecimento, também designada por rede logística, é constituída por fornecedores, centros de fabrico, armazéns, centros de distribuição e pontos de venda a retalho, bem como por matérias-primas, inventário em curso e produtos acabados que circulam entre as instalações.

A gestão da cadeia de abastecimento tem em consideração todas as instalações que têm um impacto no custo e desempenham um papel na conformidade do produto com as necessidades do cliente: desde as instalações do fornecedor e de fabrico, passando pelos armazéns e centros de distribuição, até aos retalhistas e lojas. De facto, em algumas análises da cadeia de abastecimento, é necessário ter em conta os fornecedores dos fornecedores e os clientes dos clientes, uma vez que estes têm um impacto no desempenho da cadeia.

Em segundo lugar, o objetivo da gestão da cadeia de abastecimento é ser eficiente e rentável em todo o sistema; os custos totais de todo o sistema, desde o transporte e distribuição até aos inventários de matérias-primas, trabalhos em curso e produtos acabados, devem ser minimizados. Assim, a ênfase não está simplesmente na minimização dos custos de transporte ou na redução dos inventários, mas sim na adoção de uma abordagem sistémica à gestão da cadeia de abastecimento. Por último, uma vez que a gestão da cadeia de abastecimento gira em torno da integração eficiente de fornecedores, fabricantes, armazéns e lojas, engloba as actividades da empresa a vários níveis, desde o nível estratégico, passando pelo nível tático, até ao nível operacional.

Uma cadeia de abastecimento é constituída por todas as partes envolvidas, direta ou indiretamente, na satisfação de um pedido do cliente. A cadeia de abastecimento inclui não só o fabricante e os fornecedores, mas também os transportadores, os armazéns, os retalhistas e os próprios clientes. Dentro de cada organização, como o fabricante, a cadeia de abastecimento inclui todas as funções envolvidas na receção e satisfação de um pedido do cliente.

Uma cadeia de abastecimento típica pode envolver uma variedade de fases. Estas fases da cadeia de abastecimento incluem:
- Clientes
- Retalhistas

- Grossistas/Distribuidores
- Fabricantes

- Fornecedor de componentes/matérias-primas

O cliente é uma parte integrante da cadeia de abastecimento. O principal objetivo da existência de qualquer cadeia de abastecimento é satisfazer as necessidades do cliente, gerando lucros para si próprio. As actividades da cadeia de abastecimento começam com uma encomenda do cliente e terminam quando um cliente satisfeito paga a sua compra. O termo cadeia de abastecimento evoca imagens de produtos ou fornecimentos que se deslocam dos fornecedores para os fabricantes, para os distribuidores, para os retalhistas e para os clientes ao longo de uma cadeia. É importante visualizar os fluxos de informação, fundos e produtos em ambas as direcções desta cadeia. O termo cadeia de abastecimento pode também implicar que apenas um interveniente está envolvido em cada fase. Na realidade, um fabricante pode receber material de vários fornecedores e depois abastecer vários distribuidores. Assim, a maioria das cadeias de abastecimento são efetivamente redes. Poderá ser mais correto utilizar o termo rede de abastecimento ou teia de abastecimento para descrever a estrutura da maioria das cadeias de abastecimento.

A SCM (gestão da cadeia de abastecimento) procura melhorar o desempenho competitivo, integrando estreitamente as funções internas de uma empresa e ligando-as eficazmente às operações externas de fornecedores, clientes e outros membros do canal. Conseguir a integração da SC é uma tarefa complexa. A estratégia deve abranger o fluxo de materiais e produtos desde os fornecedores até aos consumidores finais e englobar um conjunto de diferentes entidades organizacionais, tanto externas (por exemplo, fornecedores) como internas (por exemplo, funções)

Consideremos um cliente que entra numa loja Wal-Mart para comprar detergente. A cadeia de abastecimento começa com o cliente e a sua necessidade de detergente. A fase seguinte desta cadeia de abastecimento é a loja de retalho da Wal-Mart que o cliente visita. A Wal-Mart abastece as suas prateleiras utilizando existências que podem ter sido fornecidas por um armazém de produtos acabados gerido pela Wal-Mart ou por um distribuidor que utiliza camiões fornecidos por terceiros. O distribuidor, por sua vez, é abastecido pelo fabricante (neste caso, a Procter & Gamble [P&G]). A fábrica da P&G recebe matérias-primas de uma série de fornecedores que podem, eles próprios, ter sido abastecidos por fornecedores de nível inferior. Por exemplo, o material de embalagem pode provir da Tenneco Packaging, enquanto a Tenneco recebe matérias-primas para fabricar a embalagem de outros fornecedores.

Uma cadeia de abastecimento é dinâmica e envolve o fluxo constante de informações, produtos e fundos entre diferentes fases. No nosso exemplo, a Wal-Mart fornece o produto, bem como informações sobre preços e disponibilidade, ao cliente. O cliente transfere um fundo para o Wal-Mart. O Wal-Mart transmite os dados do ponto de venda, bem como a ordem de reabastecimento através de camiões para a loja. O Wal-Mart transfere fundos para o distribuidor após o reabastecimento. O distribuidor também fornece informações sobre os preços e envia os calendários de entrega ao Wal-Mart. Fluxos semelhantes de informação, material e fundos ocorrem em toda a cadeia de abastecimento

1.2 Modelos de gestão da cadeia de abastecimento

- Prioridades competitivas e estratégia de fabrico

A capacidade de uma cadeia de abastecimento para competir com base no custo, na qualidade, no tempo, na flexibilidade e em novos produtos é moldada pela orientação estratégica dos membros da cadeia de abastecimento. A posição de uma empresa nas prioridades competitivas é determinada pelas suas quatro decisões estruturais a longo prazo: instalações, capacidade, tecnologia e integração vertical, bem como pelas suas quatro decisões infra-estruturais: mão de obra, qualidade, planeamento e controlo da produção e organização. O impacto cumulativo das decisões infra-estruturais na competitividade de uma empresa é tão importante como as decisões estruturais a longo prazo.

A estratégia de fabrico centra-se num conjunto de prioridades competitivas, como o custo, a qualidade, o tempo, a flexibilidade e a introdução de novos produtos. Classifica os processos de produção em cinco tipos principais: projeto, oficina, lote, linha e fluxo contínuo. A "produção para stock", a "montagem por encomenda", a "construção por encomenda" e a "engenharia por encomenda" são algumas das estratégias de fabrico utilizadas para dar resposta às prioridades competitivas no mercado. A produção para stock implica a manutenção de produtos em inventário para entrega imediata, de modo a minimizar os prazos de entrega ao cliente. Esta é a categoria do sistema push. A procura é prevista e a produção é programada antes de a procura existir.

A montagem por encomenda é a estratégia para lidar com inúmeras configurações de itens finais e é uma opção para a personalização em massa. Os itens de montagem por encomenda utilizam peças e componentes padronizados. Requerem uma produção eficiente e de baixo custo no processo de fabrico e flexibilidade na fase de montagem ou configuração para satisfazer a procura individualizada dos clientes. A produção por encomenda, por outro lado, produz produtos personalizados em baixo volume depois de o fabricante receber as encomendas. Os artigos por encomenda são normalmente produzidos em volumes muito pequenos e requerem uma elevada competência técnica, uma conceção de elevado desempenho do produto e uma gestão eficaz dos prazos de entrega. A produção por encomenda produz produtos com peças e desenhos exclusivos exigidos pelos clientes. O volume do produto é muito pequeno e, normalmente, é único num ambiente de oficina. O tempo de ciclo desde a encomenda até à entrega é normalmente longo devido à natureza única da personalização. O planeamento MRP é extremamente importante para a produção por encomenda.

- Cadeia de abastecimento eficiente e cadeia de abastecimento reactiva

Uma das causas do fracasso da cadeia de abastecimento deve-se à falta de compreensão da natureza da procura. Esta falta de compreensão conduz frequentemente a uma conceção desajustada da cadeia de abastecimento. Existem duas abordagens distintas, a cadeia de abastecimento eficiente e a cadeia de abastecimento reactiva, para conceber a cadeia de abastecimento de uma empresa.

O objetivo da cadeia de abastecimento reactiva é reagir rapidamente à procura do mercado. Este modelo de cadeia de abastecimento adequa-se melhor ao ambiente em que a previsibilidade da procura é baixa, o erro de previsão é elevado, o ciclo de vida do produto é curto, a introdução de novos produtos é frequente e a variedade de produtos é elevada. A conceção de uma cadeia de abastecimento reactiva corresponde à prioridade competitiva, com ênfase no tempo de reação rápido, velocidade de desenvolvimento, prazos de entrega rápidos, personalização e flexibilidade de volume. As características de conceção das cadeias de abastecimento reactivas incluem fluxos flexíveis ou intermédios, almofadas de elevada capacidade, baixos níveis de inventário e tempo de ciclo curto.

O objetivo de uma cadeia de abastecimento eficiente é coordenar o fluxo de materiais e serviços para minimizar as existências e maximizar a eficiência dos fabricantes e prestadores de serviços da cadeia. Este modelo de cadeia de abastecimento adapta-se melhor ao ambiente em que a procura é altamente previsível, o erro de previsão é baixo, o ciclo de vida do produto é longo, as introduções de novos produtos não são frequentes, a variedade de produtos é mínima, o prazo de produção é longo e o prazo de execução das encomendas é curto. A conceção de uma cadeia de abastecimento eficiente corresponde à prioridade competitiva, com ênfase nas operações de baixo custo e na entrega atempada. As características de conceção de uma cadeia de abastecimento eficiente incluem fluxos em linha, produção de grandes volumes e almofadas de baixa capacidade.

- Velocidade do relógio dos ciclos de vida dos produtos, processos e organizações

Cada indústria evolui a um ritmo diferente, dependendo de alguma forma da velocidade do relógio do produto, da velocidade do relógio do processo e da velocidade do relógio da organização. Por exemplo, a indústria do entretenimento informativo é uma das indústrias com velocidade de relógio mais rápida. Os filmes podem ter uma vida útil medida em horas. A época do Natal é a melhor altura para introduzir novos filmes, quando o número de espectadores é maior. O processo da indústria do entretenimento informativo muda rapidamente. Os novos processos de fornecimento de produtos e serviços de entretenimento informativo em casa, nos centros públicos e nos escritórios evoluem diariamente. Os leitores de CD e o DVD são apenas alguns exemplos.

A estrutura da organização também é dinâmica. As relações entre os gigantes dos meios de comunicação social, como a Time-Warner, a Disney e a Viacom, são constantemente negociadas, assinadas e renegociadas para se adaptarem às mudanças na conceção dos produtos e dos processos. Algures no meio está a indústria automóvel. O produto não muda tão rapidamente como a indústria da informação-entretenimento, nem tão lentamente como a indústria aeronáutica. Os automóveis de passageiros, por exemplo, têm uma vida útil de três a cinco anos. Quanto à velocidade do seu processo, cada vez que o fabricante de automóveis faz um novo design, espera que grande parte desse investimento esteja obsoleto dentro de quatro a cinco anos.

A conceção da cadeia de abastecimento deve refletir a natureza da velocidade de relógio do produto; compreender quais os requisitos que tornam mais provável a existência de uma cadeia de abastecimento eficaz ou vice-versa. A análise da velocidade do relógio do produto, do processo e da organização permite-nos ver com maior clareza e precisão as necessidades futuras dos nossos clientes.

Todos os processos de uma cadeia de abastecimento pertencem a uma ou duas categorias, consoante o momento da sua execução em relação à procura do cliente final. No processo pull, a execução é iniciada em resposta a uma encomenda do cliente. Nos processos push, a execução é iniciada em antecipação das encomendas dos clientes. Por conseguinte, no momento da execução de um processo pull, a procura do cliente é conhecida com certeza, ao passo que no momento da execução de um processo push, a procura não é conhecida e tem de ser prevista. Os processos pull podem também ser designados por processos especulativos porque respondem a uma procura especulada (ou prevista) e não a uma procura efectiva. A fronteira push/pull numa cadeia de abastecimento separa os processos push dos processos pull. Os processos push funcionam num ambiente incerto porque a procura do cliente ainda não é conhecida. Os processos pull funcionam num ambiente em que a procura do cliente é conhecida. No entanto, são frequentemente condicionados por decisões de inventário e de capacidade que foram tomadas na fase push.

Uma visão push/pull da cadeia de abastecimento é muito útil quando se consideram decisões estratégicas relacionadas com a cadeia de abastecimento. O objetivo é identificar uma fronteira push/pull adequada, de modo a que a cadeia de abastecimento possa corresponder eficazmente à oferta e à procura. A indústria das tintas constitui um excelente exemplo dos ganhos resultantes de um ajustamento adequado da fronteira push/pull. O fabrico da tinta requer a produção da base, a mistura das cores adequadas e a embalagem. Até à década de 1980, todos estes processos eram realizados em grandes fábricas e as latas de tinta eram enviadas para as lojas. Estes processos eram qualificados como processos push, uma vez que eram efectuados de acordo com uma previsão, antecipando a procura do cliente. Dada a incerteza da procura, a cadeia de abastecimento de tintas tinha grande dificuldade em fazer corresponder a oferta à procura. Na década de 1990, as cadeias de abastecimento de tintas foram reestruturadas de modo a que a mistura de cores fosse feita nas lojas de retalho depois de os clientes fazerem as suas encomendas.

Por outras palavras, a mistura de cores foi transferida da fase de empurrar para a fase de puxar da cadeia de abastecimento, embora a preparação da base e a embalagem das latas continuassem a ser efectuadas na fase de empurrar. O resultado é que os clientes podem sempre obter a cor da sua escolha, enquanto os stocks totais de tinta em toda a cadeia de abastecimento diminuíram.

1.3 Dificuldades na gestão da cadeia de abastecimento

1. <u>As estratégias da cadeia de abastecimento não podem ser determinadas isoladamente.</u>

São diretamente afectadas por outra cadeia que a maioria das organizações possui, a cadeia de desenvolvimento que inclui o conjunto de actividades associadas à introdução de novos produtos. Ao mesmo tempo, as estratégias da cadeia de abastecimento também devem estar alinhadas com os objectivos específicos da organização, como a maximização da quota de mercado ou o aumento do lucro.

2. <u>É um desafio conceber e operar uma cadeia de abastecimento de modo a que os custos totais do sistema sejam minimizados e os níveis de serviço do sistema sejam mantidos.</u>

De facto, é frequentemente difícil operar uma única instalação de modo a minimizar os custos e a manter o nível de serviço. A dificuldade aumenta exponencialmente quando se está a considerar todo um sistema. O processo de encontrar a melhor estratégia para todo o sistema é conhecido como otimização global.

3. <u>A incerteza e o risco são inerentes a todas as cadeias de abastecimento.</u>

A procura dos clientes nunca pode ser prevista com exatidão, os tempos de viagem nunca serão certos e as máquinas e os veículos podem avariar. Do mesmo modo, as recentes tendências da indústria, incluindo a externalização, o off shoring e a produção optimizada, que se centram na redução dos custos da cadeia de abastecimento, aumentam significativamente o nível de risco na cadeia de abastecimento. Assim, as cadeias de abastecimento têm de ser concebidas e geridas de modo a eliminar o máximo possível de incerteza e risco, bem como a lidar eficazmente com a incerteza e o risco que subsistem.

1.4 A cadeia de desenvolvimento

A cadeia de desenvolvimento é o conjunto de actividades e processos associados à introdução de novos produtos. Inclui a fase de conceção do produto, as capacidades e conhecimentos associados que têm de ser desenvolvidos internamente, as decisões de aprovisionamento e os planos de produção. Especificamente, a cadeia de desenvolvimento inclui decisões como a arquitetura do produto; o que fabricar internamente e o que comprar a fornecedores externos, ou seja, decisões de fabrico/compra; seleção de fornecedores; envolvimento precoce dos fornecedores; e parcerias estratégicas.

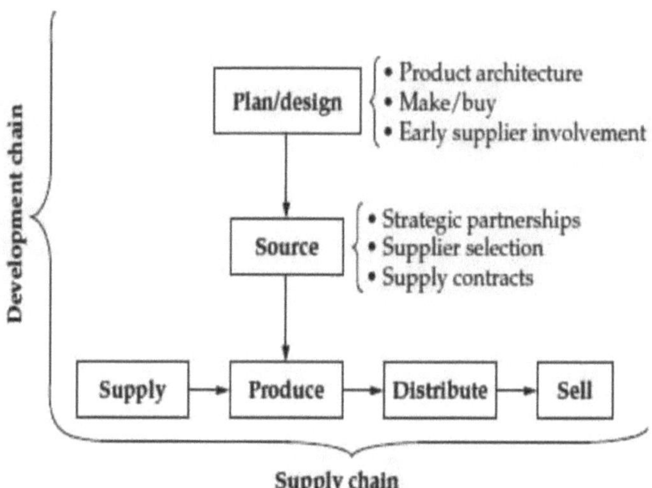

Fig-1.1 O desenvolvimento da empresa e as cadeias de abastecimento.

1.5 Problemas desafiantes na gestão da cadeia de abastecimento

1. <u>A cadeia de abastecimento é uma rede complexa de instalações dispersas por uma vasta área geográfica</u> e, em muitos casos, por todo o globo.

2. <u>As diferentes instalações da cadeia de abastecimento têm frequentemente objectivos diferentes e contraditórios.</u>

Por exemplo, os fornecedores querem normalmente que os fabricantes se comprometam a comprar grandes quantidades em volumes estáveis com datas de entrega flexíveis. Infelizmente, embora a maioria dos fabricantes gostasse de implementar longas séries de produção, precisam de ser flexíveis em relação às necessidades dos seus clientes e à evolução da procura. Assim, os objectivos dos fornecedores estão em conflito direto com o desejo de flexibilidade dos fabricantes. De facto, uma vez que as decisões de produção são normalmente tomadas sem informações precisas sobre a procura dos clientes, a capacidade dos fabricantes para fazer corresponder a oferta à procura depende em grande medida da sua capacidade de alterar o volume da oferta à medida que chegam informações sobre a procura.

Do mesmo modo, o objetivo dos fabricantes de fabricar grandes lotes de produção entra normalmente em conflito com os objectivos dos armazéns e dos centros de distribuição de reduzir as existências. Para piorar a situação, este último objetivo de reduzir os níveis de inventário implica normalmente um aumento dos custos de transporte.

3. <u>A cadeia de abastecimento é um sistema dinâmico que evolui ao longo do tempo.</u>

De facto, não só a procura dos clientes e as capacidades dos fornecedores mudam ao longo do tempo, como também as relações da cadeia de abastecimento evoluem com o tempo. Por exemplo, à medida que o poder dos clientes aumenta, há uma maior pressão sobre os fabricantes e fornecedores para produzirem uma enorme variedade de produtos de alta qualidade e, em última análise, para produzirem produtos personalizados.

4. <u>As variações do sistema ao longo do tempo são também uma consideração importante.</u>

Mesmo quando a procura é conhecida com precisão (por exemplo, devido a acordos contratuais), o processo de planeamento tem de ter em conta os parâmetros da procura e dos custos que variam ao longo do tempo devido ao impacto das flutuações sazonais, tendências, publicidade e promoções, estratégias de preços dos concorrentes, etc. Estes parâmetros de procura e de custo variáveis no tempo dificultam a determinação da estratégia mais eficaz da cadeia de abastecimento, a que minimiza os custos a nível do sistema e está em conformidade com as necessidades dos clientes.

1.6 Evolução histórica da GCS

Na década de 1980, as empresas descobriram novas tecnologias e estratégias de fabrico que lhes permitiram reduzir os custos e competir melhor em diferentes mercados. Estratégias como o fabrico just-in-time, Kanban, lean manufacturing, gestão da qualidade total, entre outras, tornaram-se muito populares, tendo sido investidas grandes quantidades de recursos na implementação destas estratégias. Nos últimos anos, porém, tornou-se claro que muitas empresas reduziram os custos de fabrico tanto quanto é possível na prática. Muitas destas empresas estão a descobrir que a gestão eficaz da cadeia de abastecimento é o próximo passo que precisam de dar para aumentar os lucros e a quota de mercado.

Ao mesmo tempo, muitos parceiros da cadeia de abastecimento partilham informações para que os fabricantes possam utilizar os dados de vendas actualizados dos retalhistas para prever melhor a procura e reduzir os prazos de entrega. Esta partilha de informações também permite que os fabricantes controlem a variabilidade nas cadeias de abastecimento e, ao fazê-lo, reduzam as existências e facilitem a produção.

A enorme pressão exercida durante os anos 90 para reduzir os custos e aumentar os lucros levou muitos fabricantes industriais a recorrer à externalização; as empresas consideraram a possibilidade de externalizar tudo, desde a função de aquisição até à produção e fabrico. De facto, em meados dos anos 90, registou-se um aumento significativo do volume de compras em percentagem das vendas totais de uma empresa típica. Mais recentemente, entre 1998 e 2000, a externalização na indústria eletrónica aumentou de 15% de todos os componentes para 40%.

Por último, no final dos anos 90, a Internet e os modelos de cibernegócio com ela relacionados criaram a expetativa de que muitos problemas da cadeia de abastecimento seriam resolvidos através da simples utilização destas novas tecnologias e modelos de negócio. As estratégias de cibernegócio deveriam reduzir os custos, aumentar o nível de serviço, aumentar a flexibilidade e, evidentemente, aumentar os lucros, embora algures no futuro.

De facto, a implementação de sistemas ERP, motivada em muitas empresas por preocupações com o ano 2000, bem como de novas tecnologias, como ferramentas para avaliação do desempenho dos fornecedores, criou oportunidades para melhorar a resiliência e a capacidade de resposta da cadeia de abastecimento. Do mesmo modo, os sistemas avançados de planeamento de inventário são agora utilizados para posicionar melhor o inventário na cadeia de abastecimento e para ajudar as empresas a compreender melhor o impacto das alternativas de conceção de produtos nos custos e riscos da cadeia de abastecimento, facilitando assim a integração da cadeia de desenvolvimento e da cadeia de abastecimento.

Durante as últimas décadas, a globalização, a externalização e as tecnologias da informação permitiram que muitas organizações, como a Dell e a Hewlett Packard, operassem com sucesso sólidas redes de fornecimento colaborativas, em que cada parceiro comercial especializado se concentra apenas em algumas actividades estratégicas fundamentais. Esta rede de fornecimento inter-organizacional pode ser reconhecida como uma nova forma de organização. No entanto, com as interacções complicadas entre os intervenientes, a estrutura da rede não se enquadra nas categorias "mercado" nem "hierarquia". Não é claro o tipo de impacto que diferentes estruturas de redes de abastecimento podem ter no desempenho das empresas, e pouco se sabe sobre as condições de coordenação e os compromissos que podem existir entre os actores.

Numa perspetiva sistémica, uma estrutura de rede complexa pode ser decomposta em empresas componentes individuais. Tradicionalmente, as empresas de uma rede de abastecimento concentram-se nos inputs e outputs dos processos, com pouca preocupação pelo trabalho de gestão interna de outros actores individuais. Por conseguinte, sabe-se que a escolha de uma estrutura de controlo da gestão interna tem impacto no desempenho das empresas locais.

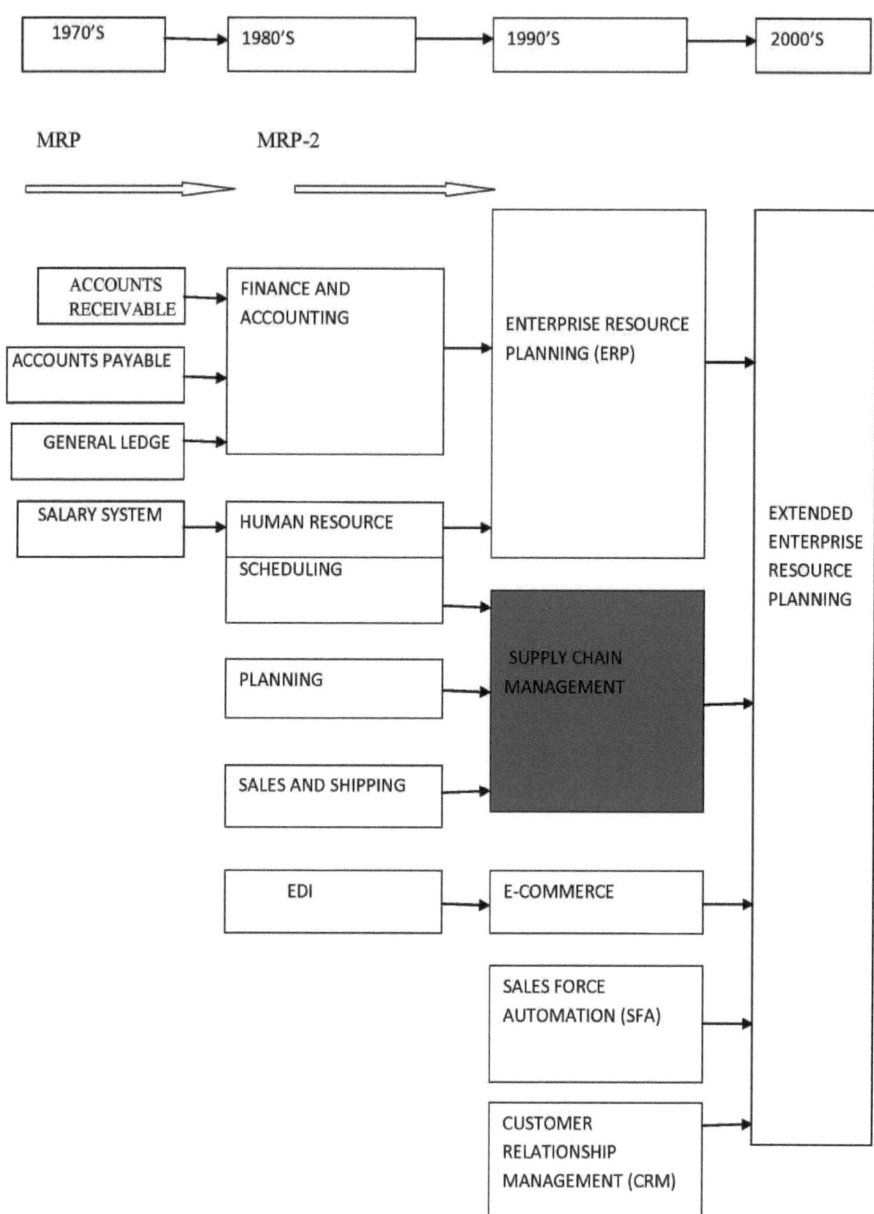

Fig -1.2 Evolução do ERP

No século XXI, as mudanças no ambiente empresarial contribuíram para o desenvolvimento das redes de cadeias de abastecimento. Em primeiro lugar, como resultado da globalização e da proliferação de empresas multinacionais, joint ventures, alianças estratégicas e parcerias comerciais, foram identificados factores de sucesso significativos, que complementam as anteriores práticas "Just-In-Time", "Lean Manufacturing" e "Agile Manufacturing". Em segundo lugar, as mudanças tecnológicas, em especial a redução drástica dos custos de comunicação da informação, que são uma componente significativa dos custos de transação, conduziram a mudanças na coordenação entre os membros da rede da cadeia de abastecimento.

Muitos investigadores reconheceram este tipo de estruturas de redes de abastecimento como uma nova forma de organização, utilizando termos como "Keiretsu", "Extended Enterprise", "Virtual Corporation", "Global Production Network" e "Next Generation Manufacturing System". Em geral, uma estrutura deste tipo pode ser definida como "um grupo de organizações semi-independentes, cada uma com as suas capacidades, que colaboram em constelações em constante mudança para servir um ou mais mercados, a fim de atingir um objetivo comercial específico dessa colaboração".

Podem ser observados seis grandes movimentos na evolução dos estudos sobre a gestão da cadeia de abastecimento: Criação, Integração e Globalização, Fases Um e Dois da especialização e SCM 2.0.

1. Era da criação

O termo gestão da cadeia de abastecimento foi cunhado pela primeira vez por um consultor industrial americano no início da década de 1980. No entanto, o conceito de cadeia de abastecimento na gestão era de grande importância muito antes, no início do século XX, especialmente com a criação da linha de montagem. As características desta era da gestão da cadeia de abastecimento incluem a necessidade de mudanças em grande escala, a reengenharia, a redução de efectivos impulsionada por programas de redução de custos e a atenção generalizada à prática japonesa de gestão.

2. Era da integração

Esta era dos estudos sobre a gestão da cadeia de abastecimento foi evidenciada com o desenvolvimento dos sistemas de intercâmbio eletrónico de dados (EDI) na década de 1960 e desenvolvida na década de 1990 com a introdução dos sistemas de planeamento de recursos empresariais (ERP). Esta era continuou a desenvolver-se no século XXI com a expansão dos sistemas de colaboração baseados na Internet. Esta era de evolução da cadeia de abastecimento caracteriza-se por um aumento do valor acrescentado e por reduções de custos através da integração.

3. Era da globalização

O terceiro movimento de desenvolvimento da gestão da cadeia de abastecimento, a era da globalização, pode ser caracterizado pela atenção dada aos sistemas globais de relações com fornecedores e à expansão das cadeias de abastecimento para além das fronteiras nacionais e para outros continentes. Esta era é caracterizada pela globalização da gestão da cadeia de abastecimento nas organizações, com o objetivo de aumentar a sua vantagem competitiva, acrescentar valor e reduzir custos através do aprovisionamento global.

4. Era da especialização (fase I): fabrico e distribuição externalizados

Na década de 1990, as indústrias começaram a concentrar-se nas "competências nucleares" e adoptaram um modelo de especialização. As empresas abandonaram a integração vertical, venderam operações não essenciais e subcontrataram essas funções a outras empresas. Isto alterou os requisitos de gestão, alargando a cadeia de abastecimento muito para além das paredes da empresa e distribuindo a gestão por parcerias especializadas da cadeia de abastecimento

5. Era da especialização (fase II): gestão da cadeia de abastecimento como um serviço

A especialização na cadeia de abastecimento começou na década de 1980 com a criação de corretores de transportes, gestão de armazéns e transportadores não baseados em activos, tendo amadurecido para além do transporte e da logística, abrangendo aspectos de planeamento do abastecimento, colaboração, execução e gestão do desempenho.

6. Gestão da cadeia de abastecimento 2.0

Com base na globalização e na especialização, o termo SCM 2.0 foi cunhado para descrever tanto as mudanças na própria cadeia de abastecimento como a evolução dos processos, métodos e ferramentas que a gerem nesta nova era.

1.7 A gestão da cadeia de abastecimento na atualidade

Atualmente, a gestão da cadeia de abastecimento inclui serviços como:

- Análise e projeto operacional Manuseamento de materiais
- Estratégia de distribuição
- Melhorias operacionais, gestão da distribuição
- Sistemas informáticos
- Gestão de projectos de conceção de armazéns
- Comissionamento operacional
- Simulação por computador
- Seminários técnicos

1.8 Princípios de gestão da cadeia de abastecimento

Os sete princípios, tal como articulados pela Andersen Consulting, são os seguintes

1. **Segmentar os clientes com base nas necessidades de serviço.**

    Tradicionalmente, as empresas agruparam os clientes por sector, produto ou canal comercial e, em seguida, forneceram o mesmo nível de serviço a todos dentro de um segmento. Em contrapartida, a gestão eficaz da cadeia de fornecimento agrupa os clientes por necessidades de serviço distintas - independentemente do sector - e, em seguida, adapta os serviços a esses segmentos específicos.

2. **Personalizar a rede de gestão da cadeia de abastecimento.**

    Ao conceberem a sua rede de gestão da cadeia de abastecimento, as empresas devem concentrar-se intensamente nos requisitos de serviço e na rendibilidade dos segmentos de clientes identificados. A abordagem convencional de criar uma rede "monolítica" de gestão da cadeia de abastecimento é contrária a uma gestão bem sucedida da cadeia de abastecimento.

3. **Ouvir os sinais de procura do mercado e planear em conformidade.**

O planeamento de vendas e operações deve abranger toda a cadeia para detetar sinais de alerta precoce de alteração da procura nos padrões de encomendas, promoções de clientes, etc. Esta abordagem intensiva da procura conduz a previsões mais consistentes e a uma afetação óptima dos recursos.

4. Diferenciar o produto mais próximo do cliente.

Atualmente, as empresas já não se podem dar ao luxo de armazenar existências para compensar eventuais erros de previsão. Em vez disso, têm de adiar a diferenciação do produto no processo de fabrico para mais perto da procura real dos consumidores.

5. Gerir estrategicamente as fontes de abastecimento.

Ao trabalhar em estreita colaboração com os seus principais fornecedores para reduzir os custos globais dos materiais e serviços, os líderes da gestão da cadeia de abastecimento aumentam as margens tanto para si como para os seus fornecedores. Bater em vários fornecedores para obter o preço mais baixo está fora de questão, aconselha Andersen. A "partilha de ganhos" está na moda.

6. Desenvolver uma estratégia tecnológica para toda a cadeia de abastecimento.

Como uma das pedras angulares de uma gestão bem sucedida da cadeia de abastecimento, a tecnologia da informação deve apoiar vários níveis de tomada de decisão. Também deve permitir uma visão clara do fluxo de produtos, serviços e informações.

7. Adotar medidas de desempenho que abranjam todo o canal.

Os excelentes sistemas de medição da cadeia de abastecimento fazem mais do que apenas monitorizar as funções internas. Adoptam medidas que se aplicam a todos os elos da cadeia de abastecimento. É importante salientar que estes sistemas de medição abrangem métricas financeiras e de serviço, tais como a verdadeira rentabilidade de cada conta.

1.9 A metodologia de um projeto de gestão da cadeia de abastecimento

Por um lado, concentram-se intensamente na procura efectiva dos clientes. Em vez de forçarem a entrada no mercado de um produto que pode ou não ser vendido rapidamente (e que, por isso, implica custos elevados de armazenamento), reagem à procura efectiva do cliente. E, ao fazê-lo, estes líderes da cadeia de abastecimento minimizam o fluxo de matérias-primas, produtos acabados e materiais de embalagem em cada ponto da cadeia.

Para responder com maior precisão à procura real dos clientes e manter as existências a um nível mínimo, as empresas líderes adoptaram uma série de técnicas de gestão da rapidez de colocação no mercado. Os nomes já se tornaram parte do vernáculo da gestão da cadeia de abastecimento: fabrico e distribuição JIT, resposta rápida (QR), resposta eficiente ao consumidor (ECR), inventário gerido pelo fornecedor (VMI), etc.

1.10 Resultados esperados / Benefícios

Thompson e os seus colegas identificaram cinco áreas em que a gestão da cadeia de abastecimento pode ter um efeito direto no valor da empresa. Estas áreas incluem:

* **Crescimento rentável.**
A gestão da cadeia de abastecimento contribui para o crescimento rentável, permitindo a montagem de "encomendas perfeitas", apoiando o serviço pós-venda e envolvendo-se no desenvolvimento de novos produtos

* **Reduções do fundo de maneio.**
O aumento das rotações de inventário, a gestão das contas a receber e a pagar, a minimização dos dias de fornecimento em inventário e a aceleração do ciclo de caixa a caixa são todos afectados pela execução da cadeia de abastecimento

* **Eficiência do capital fixo.**
Isto refere-se à otimização da rede - por exemplo, assegurando que a empresa tem o número certo de armazéns nos locais certos, ou subcontratando funções onde faz mais sentido em termos económicos.

* **Minimização fiscal global.**
"Há muito dinheiro aqui", diz Thompson, se as empresas analisarem os activos e os locais de venda, os preços de transferência, os direitos aduaneiros e os impostos.

*** Minimização de custos.**

Esta atividade centra-se em grande medida nas operações quotidianas, mas também pode envolver a tomada de decisões estratégicas sobre questões como a externalização e a conceção de processos.

1.11 Tipos de empresas/organizações em que a gestão da cadeia de abastecimento pode ser aplicada:

A Gestão da Cadeia de Abastecimento pode ser implementada em todas as empresas (empresas de produção, retalhistas, serviços, etc.) e organizações públicas que satisfaçam os seguintes critérios
* Número mínimo de empregados: 20 (pelo menos 4 em cargos de direção).
* Forte empenhamento da gestão em novas formas de trabalho e inovação.

1.12 Duração e custo de implementação da gestão da cadeia de abastecimento

Analisado do ponto de vista dos custos, o verdadeiro potencial da SCM torna-se evidente. Um estudo recente concluiu que os custos totais da cadeia de abastecimento representam a maior parte das despesas operacionais da maioria das empresas. Em alguns sectores, de facto, estes custos podem aproximar-se dos 75% do orçamento operacional. Tendo em conta os dólares em jogo, não é surpreendente que a gestão de topo se tenha interessado profundamente pela gestão da cadeia de abastecimento. Um estudo da Mercer Management Consulting realizado entre executivos seniores de empresas confirma o elevado nível de interesse. Cerca de metade dos executivos inquiridos referiu que os programas para melhorar a cadeia de abastecimento se encontravam entre os 10% mais importantes de todas as iniciativas da empresa.

A implementação de um projeto de consultoria de GCS custa aproximadamente 15.000 euros e a sua duração é de 8 meses. A implementação do software CSM, que se baseia nos resultados do trabalho de consultoria, varia entre 70.000 euros (PME) e 1 milhão de euros (empresas), consoante a dimensão e a complexidade da empresa.

CAPÍTULO 2

REVISÃO DA LITERATURA

2.1 Revisão da literatura relacionada

Neste tópico, a área de investigação é a SCM, na qual devem ser abordados os factores de risco críticos. Segue-se a literatura relacionada.

Basu Rana et.al [1] identificaram e deram prioridade aos factores de risco no contexto da gestão da cadeia de abastecimento das organizações industriais indianas. Abordaram as questões de risco e, assim, avaliaram empiricamente quais os factores de risco que mais influenciam as operações da cadeia de abastecimento. O seu estudo fornece o apoio parcial para a explicação das questões de atenuação do risco no contexto das questões da cadeia de abastecimento indiana. O planeamento da atenuação do risco proporciona a uma organização um processo de tomada de decisões mais maduro para fazer face a perdas inesperadas causadas por acontecimentos imprevistos.

Datta Shoumen et.al [2] exploraram ferramentas avançadas de previsão para apoio à decisão em cenários de cadeia de abastecimento e forneceram resultados preliminares de simulação do seu impacto na amplificação da procura. As melhorias para reduzir a amplificação da procura, por exemplo, podem diminuir o risco de rutura de stock mas aumentar o custo operacional ou o risco de excesso de inventário. Os modelos avançados de previsão propostos, pela sua própria construção, requerem um elevado volume de dados. A disponibilidade de grandes volumes de dados pode não ser o fator limitante, tendo em conta o interesse renovado nas tecnologias de identificação automática (AIT), que podem facilitar a aquisição de dados em tempo real de produtos ou objectos com etiquetas ou sensores RFID

Dhar Subhankar et.al [3] estudaram várias perspectivas e práticas relativas aos riscos, benefícios e desafios da externalização global das TI. Analisam algumas questões importantes da externalização das TI, nomeadamente os desafios e os benefícios. Finalmente, apresentamos estudos de caso de duas organizações Global 200 e validamos algumas das afirmações feitas por investigadores anteriores sobre o outsourcing de TI. Este estudo ajudará a gestão a identificar os factores de risco e a tomar as medidas correctivas necessárias. Os factores de risco são ponderados para refletir também as implicações financeiras. Para além de uma gestão eficaz do projeto e de uma associação participativa dos fornecedores na formulação das especificações de conceção, é muito importante ter revisões planeadas e periódicas para melhorar a comunicação com os membros da equipa.

Flores Myrna et.al [4] estudaram os Factores Críticos de Sucesso e os Desafios para desenvolver novas Cadeias de Abastecimento Sustentáveis na Índia com base nas experiências suíças. Estes autores 1) apresentam a importância de apoiar a evolução das cadeias de abastecimento para cadeias de abastecimento sustentáveis, tendo em conta elementos de desenvolvimento sustentável (económicos, sociais e ambientais) e 2) partilham os resultados do projeto-piloto SWISSMAIN na Índia, centrado na identificação dos Factores Críticos de Sucesso (FCS) e dos desafios, com base em estudos de casos de empresas suíças de produção e serviços com operações na Índia.

Giunipero Larry C. et.al [5] estudou que a gestão do risco pode ser uma abordagem mais eficaz para lidar com estas incertezas, identificando potenciais perdas. Este estudo concetual propõe que os factores situacionais - grau de tecnologia do produto, necessidades de segurança, importância relativa do fornecedor e experiência anterior dos compradores com a situação - devem ser tidos em consideração ao determinar o nível de gestão do risco na cadeia de abastecimento. Os problemas de qualidade dos dados, como números de peças errados ou desactualizados, podem significar o sucesso ou o fracasso de uma cadeia de abastecimento. As falhas de qualidade podem resultar do facto de os fornecedores não manterem o equipamento de capital, da falta de formação dos fornecedores em princípios e técnicas de qualidade e de danos ocorridos durante o transporte.

Haywood Maj. Marc et.al [6] estudaram a gestão da vulnerabilidade da cadeia de abastecimento no sector aeroespacial do Reino Unido. O estudo examina o problema numa perspetiva de organização múltipla, utilizando como ponto de partida uma empresa de montagem de aviões militares, o contratante principal. Os riscos prontamente identificados pelos gestores da cadeia de abastecimento aeroespacial foram os riscos consequentes para o desempenho da cadeia de abastecimento decorrentes de outras práticas de gestão e tendências do sector. Os gestores destacaram, em particular, as tendências que se acreditava estarem a minar os esforços de otimização dos processos da cadeia de abastecimento. A auditoria das ferramentas e técnicas de gestão do risco atualmente utilizadas na cadeia/rede de abastecimento revelou uma série de ferramentas bem conhecidas de reengenharia e controlo de processos.

Knemeyer A. Michael et. al [7] estudaram o efeito dos acontecimentos catastróficos nos sistemas da cadeia de abastecimento. O processo de planeamento fornece uma abordagem sistemática para os gestores identificarem as principais localizações sujeitas a riscos de catástrofes e, em seguida, estimarem a probabilidade de ocorrência e o impacto financeiro de potenciais acontecimentos catastróficos. Além disso, o processo proposto fornece aos gestores informações que os ajudam a gerar e selecionar contramedidas adequadas destinadas a atenuar o efeito potencial dos acontecimentos catastróficos nas cadeias de abastecimento.

Kwon Ik-Whan G. et.al [8] estudou tentativas de preencher a lacuna entre o argumento teórico e os testes empíricos. Os resultados de um inquérito exaustivo aos profissionais da cadeia de abastecimento indicam que a confiança de uma empresa no seu parceiro da cadeia de abastecimento está altamente associada aos investimentos em activos específicos de ambas as partes (positivamente) e à incerteza comportamental (negativamente). Verifica-se também que a partilha de informações reduz o nível de incerteza comportamental, o que, por sua vez, melhora o nível de confiança

Kleindorfer Paul R. et.al [9] estudou os riscos que podem resultar de catástrofes naturais, de greves e perturbações económicas e de actos de agentes intencionais, incluindo terroristas. sistemas integrados de gestão do risco empresarial (ERM). Os desafios da gestão dos riscos de rutura nas cadeias de abastecimento abrangem ambos os níveis destes sistemas de gestão. As instalações e os elos de transporte, como pontos focais individuais para a gestão do risco, têm sido o primeiro foco dos sistemas de gestão de perturbações na cadeia de abastecimento, com a implementação de avaliações de vulnerabilidade, sistemas de comunicação de incidentes de quase-acidente e procedimentos de resposta a emergências/crises como foco inicial de atenção

Kim Soo Wook [10] estudou as relações causais entre a prática da gestão da cadeia de abastecimento (GCS), a capacidade concorrencial, o nível de integração da cadeia de abastecimento (CS) e o desempenho da empresa. Concluíram que a integração da CS pode ter uma influência significativa na relação entre a prática da GCS e a capacidade de concorrência, inversamente. O seu estudo foi realizado em empresas japonesas e coreanas.

Marucheck Ann et. al [11] estudaram as questões e os desafios em matéria de segurança dos produtos que surgem em cinco indústrias que estão a globalizar cada vez mais as suas cadeias de abastecimento: alimentação, produtos farmacêuticos, dispositivos médicos, produtos de consumo e automóveis. Uma das principais conclusões é que, em cada uma destas indústrias, um problema premente de segurança ou proteção pode ser atribuído a condições da cadeia de abastecimento global. Assim, na indústria alimentar, o principal problema é a contaminação, enquanto na indústria farmacêutica é a contrafação. A indústria dos dispositivos médicos está a tentar garantir a segurança, dado o ritmo acelerado da evolução tecnológica.

McCormack Kevin et.al [12] estudaram a metodologia SCOR no que respeita à gestão do risco na organização. Descrevem os resultados de um projeto financiado pelo Conselho da Cadeia de Abastecimento que investigou e desenvolveu uma abordagem para incluir as actividades de gestão do risco de abastecimento no modelo SCOR. O modelo SCOR pode desempenhar um papel substancial na prossecução do objetivo global de um verdadeiro processo de colaboração dentro e entre empresas, com vista a maximizar o desempenho global da cadeia de abastecimento. Dispor de um modelo de referência da cadeia de abastecimento que permita a definição de processos de gestão do risco individuais e colaborativos parece ser apenas uma condição preliminar para preparar o caminho para a conceção de um processo de gestão do risco partilhado para toda a rede da cadeia de abastecimento.

Melo M.T. et.al [13] estudou as medidas de desempenho da cadeia de abastecimento e as técnicas de otimização. Estudou que o papel da localização das instalações é decisivo no planeamento da rede da cadeia de abastecimento e que este papel está a tornar-se mais importante com a necessidade crescente de modelos mais abrangentes que captem simultaneamente muitos aspectos relevantes para os problemas da vida real

Naslund Dag et.al [14] estudaram vários quadros e terminologias relativos à cadeia de abastecimento. O objetivo do presente documento é, por conseguinte, clarificar o conceito de GCS, explorando algumas das definições, quadros e terminologia de GCS mais prevalecentes. Os autores concluíram que a gestão da cadeia de abastecimento é complexa, muitas vezes ainda mal definida e inclui inúmeros conceitos e ideias que precisam de ser clarificados. A cadeia de abastecimento não tem funções ou regras claras, nem sistemas de medição ou de recompensa. Serão necessários esforços significativos, aplicando projectos de investigação qualitativa e quantitativa para desenvolver estes conceitos, a fim de fazer avançar as aplicações práticas e as teorias académicas.

Niemi Petri et.al [15] estudaram o efeito da melhoria do impacto da análise quantitativa na elaboração das políticas da cadeia de abastecimento. Concluíram que o impacto da análise quantitativa na elaboração das políticas da cadeia de abastecimento pode ser melhorado adaptando os diferentes papéis da análise nas diferentes fases do processo de elaboração das políticas.

Speier Cheri et.al [16] desenvolveu o quadro para examinar a ameaça de potenciais perturbações nos processos da cadeia de abastecimento e centra-se em potenciais estratégias de atenuação e de conceção da cadeia de abastecimento que podem ser implementadas para atenuar este risco. O quadro foi desenvolvido através da integração de três perspectivas teóricas - teoria do acidente normal, teoria da elevada fiabilidade e prevenção do crime situacional.

Swanson Marianne et.al [17] forneceram um conjunto de práticas que podem ser referenciadas ou utilizadas para os sistemas de informação classificados no nível de alto impacto FIPS (Federal Information Processing Standards) 199. Estas práticas destinam-se a promover a aquisição, o desenvolvimento e a operação de sistemas de informação ou sistemas de sistemas6 para satisfazer os requisitos de custo, prazo e desempenho no ambiente atual, com fornecedores globalizados e adversários activos. Integradas no ciclo de vida de desenvolvimento de sistemas de informação (SDLC), estas práticas fornecem estratégias de mitigação de riscos a implementar pela agência federal adquirente.

Srividya V.S et.al [18] estudaram a gestão dos riscos dos fornecedores numa cadeia de abastecimento global. Estudaram que as perturbações comerciais em cadeias de abastecimento globais e complexas testaram a resiliência do fabricante devido ao aprovisionamento global e ao fabrico optimizado. Ao adoptarem este modelo, os fabricantes podem beneficiar de uma maior transparência e comunicação, da continuidade das actividades, de contratos baseados no desempenho e de uma menor exposição ao risco. O modelo de gestão do risco GSC oferece uma abordagem proactiva e pragmática para mitigar os riscos na cadeia de abastecimento global.

Tang Christopher S. [19] estudou os vários modelos quantitativos para a gestão dos riscos da cadeia de abastecimento. Verificou que estes modelos quantitativos foram concebidos para gerir principalmente os riscos operacionais e não os riscos de rutura. Estas estratégias podem tornar uma cadeia de abastecimento mais eficiente em termos de gestão dos riscos operacionais e mais resistente em termos de gestão dos riscos de perturbação.

Tuncel Gonca et.al [20] estudaram a estrutura das redes de Petri que pode ser utilizada para modelar e analisar uma rede da cadeia de abastecimento (CS) que está sujeita a vários riscos. Estudaram que a PN pode ser utilizada eficazmente para modelar a natureza dinâmica e estocástica da CS. Proporcionam uma compreensão aprofundada da lógica de controlo da estrutura da rede e podem ajudar na avaliação de várias estratégias operacionais. A PN pode potencialmente desempenhar um papel significativo na modelação e análise de riscos.

Jyri P.P. Vilko et.al [21] apresentam conceitos e resultados preliminares de investigação relativos à identificação e análise de riscos em cadeias de abastecimento multimodais. Apresentam um novo quadro para categorizar os riscos em termos dos seus factores impulsionadores, a fim de avaliar o impacto global no desempenho da cadeia de abastecimento.

O Professor Richard Wilding [22] estudou tendências que incluem o rápido crescimento do aprovisionamento global e do fabrico offshore; o movimento contínuo para reduzir a base de fornecedores; a consolidação da indústria e a centralização da distribuição, todas elas alteram o perfil de risco das cadeias de abastecimento e das empresas. A atenuação do risco da cadeia de abastecimento não pode ser vista como um "pensamento posterior" ou um "complemento" da cadeia de abastecimento. Para ser rentável, a atenuação do risco da cadeia de abastecimento tem de ser integrada no processo da cadeia de abastecimento, na conceção do produto e no ambiente de tomada de decisões.

Xia De et.al [23] estudou o sistema de gestão dos riscos da cadeia de abastecimento. Concluiu um modelo de tomada de decisões baseado nos mecanismos internos de desencadeamento e interação num sistema de risco da CS, que tem em conta dois ciclos, o ciclo do processo operacional (OPC) e o ciclo de vida do produto (PLC). Uma forte relação bilateral de influência-imposição é a chave da gestão do risco da CS, enquanto existem circulações internas entre os elementos do ciclo do processo operacional (OPC), que tornam o sistema de risco mais complexo.

2.2 Resumo da literatura relacionada

O resumo da revisão da literatura é apresentado a seguir:

Tabela 2.1 Alguns documentos importantes

S. No	Research paper	Aim
1	Basu Rana et.al, 2011, *"Analyzing the risk factors of supply chain management in Indian Manufacturing Organizations"*, Journal of Social and Development Sciences 1,3, 109-114.	Basu Rana et.al [1] identified and prioritizes the risk factors in context to supply chain management of Indian manufacturing organizations.. Their study provides the partial support for the explanation of risk mitigating issues in context to Indian supply chain matters.
2	Datta Shoumen et.al, 2008,*"Forecasting and Risk Analysis in Supply Chain Management"*, Forecasting and Risk Analysis in Supply Chain Management, 1-22	Datta Shoumen et.al [2] explored advanced forecasting tools for decision support in supply chain scenarios and provided preliminary simulation results from their impact on demand amplification. Improvements to reduce demand amplification, for example, may decrease the risk of out of stock but increase operating cost or risk of excess inventory.
3	Kleindorfer Paul R. and Germaine H. Saad ,2005, *"Managing Disruption Risks in Supply Chains"*, Production and Operations Management Society	Kleindorfer Paul R. et.al [9] studied the risks, which may arise from natural disasters, from strikes and economic disruptions, and from acts of purposeful agents, including terrorists. The challenges in managing disruption risks in supply chains encompass both levels of these management systems.
4	Srividya V.S and Raj Jayaraman, 2007, *"Management of supplier risks in global supply chain"*,	Srividya V.S et.al [18] studied the management of suppliers risks in global supply chain. They studied that business disruptions in global and complex supply

	SETLabs Briefings 5.	chains have tested the manufacturer's resilience due to global sourcing and lean manufacturing.
5	Speira Cheri et.al, 2011, *"Global supply chain considerations: Mitigating product safety and security risks"*, Journal of Operations Management 29, 721–736.	Speier Cheri et.al [16] developed the framework to examine the threat of potential disruptions on supply chain processes and focuses on potential mitigation and supply chain design strategies that can be implemented to mitigate this risk.
6	Maruchecka Ann et.al, 2011" *Product safety and security in the global supply chain: Issues, challenges and research opportunities"*, Journal of Operations Management 29 , 707–720	Marucheck Ann et. al [11] studied the product safety issues and challenges that arise in five industries that are increasingly globalizing their supply chains: food, pharmaceuticals, medical devices, consumer products and automobiles. A major conclusion is that in each of these industries, a pressing safety or security problem can be traced back to conditions in the global supply chain. Thus, in the food industry a major problem is contamination, while in pharmaceuticals, it is counterfeiting.

2.3   Lacunas de investigação

1. O papel dos factores de risco críticos ainda não foi completamente definido.
2. O estudo dos custos envolvidos na SCM ainda não foi analisado.

2.4   Objectivos do presente estudo

1. Estudo dos factores de risco críticos em SCM.
2. Examinar o efeito do custo na GCS.

CAPÍTULO 3

FACTORES DE RISCO CRÍTICOS

3.1 Factores de risco críticos

O risco é uma função da probabilidade de algo acontecer e do grau de perda que decorre de uma situação ou atividade. As perdas podem ser directas ou indirectas. Por exemplo, um terramoto pode causar a perda direta de edifícios. As perdas indirectas incluem a perda de reputação, a perda de confiança dos clientes e o aumento dos custos operacionais durante a recuperação. A possibilidade de algo acontecer terá impacto na realização dos objectivos. Os riscos são normalmente definidos pelo impacto negativo na rendibilidade de várias fontes distintas de incerteza. Os tipos e o grau de riscos a que uma organização pode estar exposta dependem de uma série de factores, como a sua dimensão, a complexidade das suas actividades, o seu volume, etc.

O risco pode ser classificado em risco sistemático e não sistemático O risco sistemático refere-se a um risco inerente a todo o sistema ou a todo o mercado. É por vezes designado por risco de mercado, risco sistémico ou risco de não diversificação que não pode ser evitado através da diversificação. Por outro lado, o risco não sistemático é o risco associado a activos individuais e, por conseguinte, pode ser evitado através da diversificação. É também conhecido como risco específico, risco residual ou risco diversificável.

Quando uma empresa está a conceber um novo produto e a sua correspondente cadeia de abastecimento, é difícil selecionar a combinação ideal de conceção do produto e cadeia de abastecimento, avaliando simultaneamente os riscos associados a diferentes alternativas de conceção e cadeia de abastecimento. É mesmo difícil determinar se a melhor abordagem é considerar os riscos enquanto se avaliam simultaneamente as concepções e as cadeias de abastecimento, ou se é melhor avaliar os riscos depois de a conceção e a cadeia de abastecimento terem sido seleccionadas.

Alguns riscos são facilmente modelados de forma matemática, enquanto outros são de natureza mais qualitativa e são mais difíceis de modelar matematicamente. O risco na cadeia de abastecimento refere-se a acontecimentos incertos ou imprevisíveis que podem ocorrer em qualquer ponto da cadeia de abastecimento e que podem afetar negativamente a funcionalidade ou a rentabilidade da cadeia de abastecimento.

Quadro 3.1 Categorias de risco

Categories	Examples
Operational/ Technological	Forecast errors, component/material shortages, capacity constraints, quality problems, machine failure/downtime, software failure, imperfect yields, efficiency, process/product changes, property losses (due to theft, accidents, etc.), transportation risks (delays, damage from handling/transportation, re-routing, etc.), storage risks (incomplete customer order, insufficient holding space, etc.),
Social	Labor shortages, loss of key personnel, strikes, accidents, absenteeism, human errors, organizational errors, union/labor relations, negative media coverage (reputation risk), perceived quality, coincidence of problems with holidays, fraud, sabotage, pillage, acts of terrorism, malfeasance, decreased labor productivity
Natural/Hazard	Fire, wild fire, severe thunderstorm, flood, monsoon, blizzard, ice storm, drought, heat wave, tornado, hurricane, typhoon, earthquake, tsunami, epidemic, famine, avalanche
Economy/ Competition	Interest rate fluctuation, exchange rate fluctuation, commodity price fluctuation, price and incentive wars, bankruptcy of partners, stock market collapse, global economic recession

Legal/Political	Liabilities, law suits, governmental incentives/restrictions, new regulations, lobbying from customer groups, instability overseas, confiscations abroad, war, tax structures, customs risks (inspection delay, missing data on documentation)

As categorias de riscos relativas ao quadro 3.1 são explicadas a seguir

- <u>Riscos operacionais/tecnológicos</u>

Estas incluem o mau funcionamento do equipamento e falhas sistémicas. Outras contingências importantes incluem a interrupção abrupta do fornecimento, por exemplo, quando um fornecedor principal cessa a sua atividade. Estas contingências resultam de erros de previsão, escassez de componentes/materiais, restrições de capacidade, problemas de qualidade, falha/tempo de inatividade da máquina, falha de software, rendimentos imperfeitos, eficiência, alterações do processo/produto, perdas de propriedade (devido a roubo, acidentes, etc.), riscos de transporte (atrasos, danos causados pelo manuseamento/transporte, reencaminhamento, etc.), riscos de armazenamento (encomenda incompleta do cliente, espaço de armazenamento insuficiente, etc.). Sempre que há falta de matéria-prima ou avaria de uma máquina no processo de fabrico, surgem estes riscos. Os problemas de qualidade relacionados com os requisitos materiais e a orientação correcta também resultam nestes riscos. Os problemas de transporte, como o atraso das matérias-primas ou o espaço de armazenamento insuficiente para guardar as peças de trabalho, podem dar origem a este tipo de riscos.

- <u>Riscos sociais</u>

Os riscos sociais são definidos como os desafios colocados pelas partes interessadas às práticas comerciais das empresas devido a impactos comerciais reais ou percebidos numa vasta gama de questões relacionadas com o bem-estar humano - por exemplo, condições de trabalho, qualidade ambiental, saúde ou oportunidades económicas. Estes riscos surgem devido à escassez de mão de obra na indústria, a várias greves relacionadas com a gestão de uma organização, a actos de terrorismo prevalecentes na sociedade, à perda de pessoal-chave, a greves, a acidentes, ao absentismo e a erros humanos,

erros organizacionais, relações sindicais/trabalhistas, cobertura negativa dos meios de comunicação social (risco de reputação), qualidade percebida, coincidência de problemas com feriados, fraude, sabotagem, pilhagem, prevaricação, diminuição da produtividade do trabalho.

- <u>Riscos naturais/perigosos</u>

Os riscos naturais surgem devido a incêndio, fogo selvagem, trovoada intensa, inundação, monção, nevão, tempestade de gelo, seca, onda de calor, tornado, furacão, tufão, terramoto, tsunami, epidemia, fome, avalanche ou qualquer catástrofe natural que possa ocorrer. Nos últimos anos, temos assistido a catástrofes naturais cada vez mais frequentes, que causam catástrofes operacionais, incluindo, por exemplo, o terramoto, o tsunami, as inundações, as correntes de ar, etc.

- <u>Riscos económicos e de concorrência</u>

Estes riscos podem surgir devido a práticas comerciais incorrectas numa organização. Várias decisões da organização podem levar a riscos económicos e de concorrência. As práticas comerciais incorrectas também conduzem a este tipo de riscos. A flutuação da bolsa de valores também conduz a riscos económicos e cambiais: flutuação da taxa de juro, flutuação da taxa de câmbio, flutuação dos preços das mercadorias, guerras de preços e de incentivos, falência de parceiros, colapso da bolsa, recessão económica global.

- <u>Riscos jurídicos/políticos</u>

Os riscos jurídicos e políticos surgem devido às novas regras e regulamentos relativos a qualquer ato aprovado. Os orçamentos também são afectados pelos vários riscos. Responsabilidades, processos judiciais, incentivos/restrições governamentais, novos regulamentos, lobbies de grupos de clientes, instabilidade no estrangeiro, confiscos no estrangeiro, guerra, estruturas fiscais, riscos aduaneiros (atraso na inspeção, falta de dados na documentação). Os riscos políticos significativos podem reduzir as receitas da sua empresa, inflacionar os seus custos, ultrapassar o orçamento e ameaçar a produção e a distribuição. Não pode vender bens que não pode fabricar ou entregar. Estes riscos podem também prejudicar a sua credibilidade junto dos investidores e de outras partes interessadas, aumentando assim o seu custo de capital.

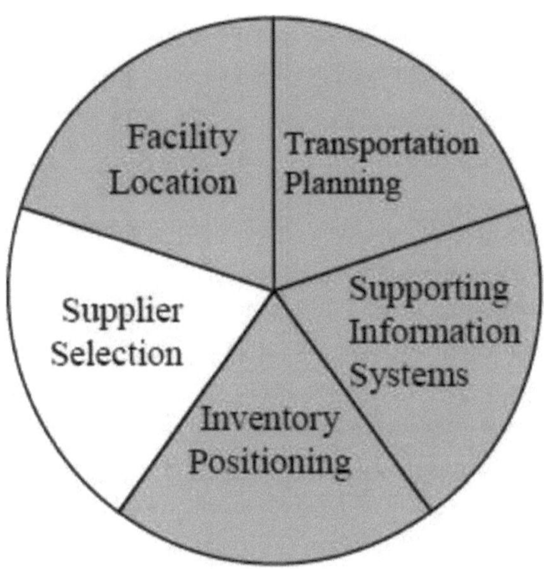

Fig 3.1 Componentes da conceção da cadeia de abastecimento

A componente de localização de instalações da conceção da cadeia de abastecimento envolve a conceção e localização de instalações de produção, distribuição e armazenamento. Em alguns casos, quando a cadeia de abastecimento é muito pequena, uma instalação pode ser suficiente para todas as actividades de produção, distribuição e armazenamento. Noutros casos, a rede da cadeia de abastecimento é suficientemente grande para que sejam necessárias várias instalações para cada função e as localizações estão dispersas por todo o mundo. Os factores avaliados na localização das instalações incluem a proximidade de fornecedores, clientes, aeroportos, portos de entrada, auto-estradas principais, linhas ferroviárias e outras instalações da cadeia de abastecimento. Os factores específicos de cada localização potencial, tais como o espaço circundante para futura expansão, taxas de trabalho, taxas e incentivos fiscais, empréstimos de desenvolvimento económico com juros baixos, estabilidade política do país, tarifas e direitos aduaneiros e factores ambientais são também motivo de preocupação. Os níveis de capacidade para cada uma dessas instalações também devem ser determinados.

O transporte do produto dentro da rede da cadeia de abastecimento também requer conceção e planeamento. Este processo é designado por planeamento do transporte. Inclui a coordenação das expedições entre locais, a atribuição de recursos (camiões, aviões, navios e contentores) às necessidades de expedição, o encaminhamento, a programação e o acompanhamento das expedições. Os factores a considerar ao tomar estas decisões incluem os custos de transporte, os custos de inventário, os custos das instalações, os custos de processamento e os custos do nível de serviço (custos de não poder cumprir os compromissos de entrega). As diferentes estratégias para a rede de transportes incluem o envio direto, milk runs, envio através de um centro de distribuição central ou uma combinação destas estratégias.

É necessário um sistema de informação para a cadeia de abastecimento. Dependendo da dimensão da rede da cadeia de abastecimento, pode tratar-se de uma pequena base de dados ou de um sistema de planeamento de recursos empresariais (ERP) de grande dimensão. Este sistema de informação é normalmente utilizado para registar informações sobre o inventário, a produção e as vendas. No entanto, algumas redes da cadeia de abastecimento também o utilizam para planeamento da produção, planeamento dos transportes, planeamento das instalações, reabastecimento de matérias-primas, contabilidade financeira e de gestão, funções de recursos humanos, gestão das relações com os clientes, gestão das relações com os fornecedores, etc. As considerações a ter em conta na seleção de um sistema de informação incluem o desempenho funcional do software, a integração com outros pacotes de software, o custo, os requisitos regulamentares e a facilidade de utilização.

A componente de posicionamento do inventário da conceção da cadeia de abastecimento envolve todas as actividades relacionadas com o armazenamento de matérias-primas, material em processo e inventários de produtos acabados. As principais decisões dizem respeito à localização física do inventário, à quantidade de inventário a manter e às políticas de encomenda óptimas. Outras considerações envolvem o acompanhamento do inventário, as políticas de reabastecimento (revisão contínua ou periódica), a determinação dos níveis de stock de segurança, a prevenção de perdas causadas por danos, obsolescência ou manuseamento incorreto e a determinação do tipo de contrato de fornecimento (contratos de partilha de receitas, contratos de quantidade flexível, contratos de recompra ou inventário gerido pelo fornecedor)

Por último, a seleção de fornecedores implica a escolha de fornecedores para o abastecimento de matérias-primas. Há muitos factores a considerar nesta decisão, incluindo o custo, a qualidade, a reputação, a localização, o prazo de entrega, a capacidade, a saúde financeira, as capacidades de conceção e desenvolvimento, etc. Estrategicamente, se se pretende estabelecer relações a longo prazo com cada fornecedor, há que decidir a natureza dessas relações. Além disso, as decisões relativas à estratégia de aprovisionamento (simples ou duplo) também precisam de ser avaliadas.

Cada uma destas cinco componentes de conceção está sujeita a numerosos riscos e existem muitos métodos para os gerir. Por conseguinte, o conjunto de conhecimentos sobre a gestão dos riscos da cadeia de abastecimento é vasto. Grande parte da literatura não é relevante para esta investigação, porque o âmbito desta investigação se limita à componente de conceção da seleção de fornecedores.

Além disso, estamos apenas concentrados na seleção de fornecedores e na determinação das quantidades de encomenda adequadas de cada um, e não em estratégias de abastecimento a longo prazo ou em políticas de encomenda óptimas. Segue-se uma análise da literatura relativa ao risco no problema da seleção de fornecedores.

O problema da seleção de fornecedores foi analisado em muitos estudos qualitativos e quantitativos. A literatura qualitativa consiste principalmente em prescrições de estratégias de gestão estratégica do risco e em estudos de inquérito para determinar que factores de risco devem ser analisados na seleção de fornecedores. A investigação quantitativa consiste em abordagens e modelos matemáticos para o problema da seleção de fornecedores.

Para efeitos da presente investigação, a literatura quantitativa é mais relevante. No entanto, a literatura qualitativa é brevemente analisada, a fim de proporcionar uma panorâmica deste domínio de investigação. Um exemplo de investigação qualitativa sobre a gestão dos riscos da cadeia de abastecimento é Lonsdale (1999). Este desenvolveu um modelo de diagrama em árvore que uma empresa pode utilizar para determinar se a externalização é a melhor decisão para a sua empresa relativamente a um determinado produto, processo ou serviço. Este modelo aborda especificamente os riscos associados à externalização da produção. Não fornece uma análise de custos, como fazem os modelos quantitativos, mas é útil para considerar os factores de risco associados.

Quadro 3.2 Principais factores de risco

S. no	Name	Description
1	Inventory Management / Stock Out Risk	Risk of inventory stock-out due to poor management of materials, supplier deficiency, etc.
2	Strategic Exposure Risk	Risk of being over-reliant on a single or limited number of suppliers.
3	Market / Demand Risks	Risk that a change in the market will affect demand. (Ex - customers lose interest in product, seasonality, volatility of fads, customers change orders, one-of-a-kind competitor will appear and seize market share, etc.)
4	Capacity Risk	Risk that system is unable to produce a particular quantity of product(s) in a particular time period.
5	Supplier Reliability	Risk that supplier is unable to provide quality product in a timely manner, has poor customer service, does not have ample capacity, etc.
6	Supply Chain and Sourcing Risks	Risk that supplier(s) will not meet required quality standards, not have required capacity, their financial position will not be sound, etc.
7	Financial Risk	Risk of incorrect pricing, and/or inability to build adequate sales (with respect to the new product).

Quadro 3.3 Factores de avaliação dos riscos

Risk assessment factor	Description
People	The people risk emerges from the experience level, training, and human resource deployment policies of the vendor. In addition, redeployment of existing IT staff of the customer is also a risk assessment factor.
Knowledge (Functional, Technological, Managerial)	Functional knowledge is the expertise, understanding, and experiences in the given functional area of the activity. Technological knowledge is associated with the expertise in the areas technology selection, analysis, architecture, design, development, integration, and maintenance support.
Cultural	Cultural risks arise from the dominant culture prevalent with the vendor. The attitudes, communication skills, language, selection policies, performance motivation, team spirit, level of cohesiveness, autonomy, participatory decision making.
Financial	Financial risks arise out of project accounting standards, cash flow, asset base, and currency stability.

Quality Standards	Software Capability Maturity Model (CMM) and ISO 9000 compliance are hallmarks of the quality standards. The ability to prepare test plans, and performance standards are seen favorably while assessing the risks due to quality standards.
Measurement	Performance measurement standards, benchmarking, and assurance of the performance are key elements in evaluating measurement risks.
Scope, Cost, and Time Estimates	Ability to formulate the scope of the project, accurate cost and time estimation poses the risk.
Company Specific Risks	Company specific risks are largely due to outsourcer's financial strength, area of core competence, management, relationships and alliances with other major organizations, and (potential) acquisitions and mergers activities.
Security	Access control, authentication, usage of secure protocols, encryption, and security policies adopted by the outsourcer constitute the risk.

Avaliar o risco

Os riscos que podem levar a rupturas na cadeia de abastecimento são tão diferentes como catástrofes naturais, greves, instabilidade política, incêndios ou terrorismo. A vulnerabilidade das cadeias de abastecimento a estes riscos aumentou devido a práticas modernas como a gestão optimizada e o inventário just-in-time. Muitos dos principais factores de risco desenvolveram-se a partir de uma pressão para aumentar a produtividade, eliminar o desperdício, eliminar a duplicação da cadeia de abastecimento e procurar melhorar os custos. Mas esta lista não é exaustiva e podemos encontrar muitas outras razões. Por exemplo, o mercado exerceu uma grande pressão sobre as empresas para que diferenciassem os seus produtos. Este facto levou as empresas a dependerem de vários terceiros e, consequentemente, aumentou os riscos. A vulnerabilidade também aumentou devido à crescente complexidade das redes de abastecimento.

De facto, a probabilidade de algo acontecer num determinado nó ou ligação é maior do que numa rede pequena e simples. As cadeias de abastecimento que englobam centenas ou mesmo milhares de empresas apresentam numerosos riscos. Os riscos internos à cadeia de abastecimento são todos os factores que tornam a cadeia de abastecimento mais vulnerável a riscos externos, como o terrorismo ou uma greve. O risco pessoal resulta do nível de experiência, da formação e das políticas de afetação de recursos humanos do fornecedor. Além disso, a reafectação do pessoal de TI existente no cliente é também um fator de avaliação do risco.

À medida que as empresas adoptam cada vez mais práticas de aprovisionamento global e de gestão da cadeia de abastecimento, descobrem oportunidades e desafios. Por um lado, o aprovisionamento global está a baixar os preços de compra e a expandir o acesso ao mercado. Por outro lado, o funcionamento de um canal de distribuição global aumenta o nível de risco da cadeia de abastecimento, com um aumento tanto do potencial de perturbações nos produtos e serviços como da magnitude dessas perturbações.

A gestão da cadeia de abastecimento é uma abordagem para conceber cadeias de valor através da otimização do fluxo inter-organizacional de material, informação e capital, a fim de reduzir os custos e aumentar o valor para o cliente. De acordo com o estudo empírico dos autores da escola de logística de Hamburgo, os objectivos relacionados com os custos são de maior importância na prática atual. Mas, para além das reduções de custos pretendidas, a transferência de conceitos como a gestão optimizada para as cadeias de abastecimento também pode ter implicações negativas. Uma delas é uma dependência crescente dos parceiros entre si, causada, por exemplo, por uma interface fortemente sincronizada entre uma empresa e uma redução do inventário.

Esta dependência conduz a um aumento do risco na cadeia de abastecimento. Devido ao número crescente de empresas na rede de abastecimento e à divisão do trabalho, a complexidade da cadeia de abastecimento também aumenta.

Para lidar com este aumento, o conceito de gestão da cadeia de abastecimento tem de ser alargado através de métodos de gestão da complexidade e do risco. No entanto, para transferir estes conceitos de gestão do nível intra para o nível inter-organizacional, são necessárias algumas modificações.

<u>As cadeias de abastecimento industriais actuais enfrentam riscos decorrentes de muitos factores, incluindo:</u>

• Aumento da globalização através da externalização, que alonga as cadeias de abastecimento de ponta a ponta

• Conformidade regulamentar adicional imposta por entidades governamentais, o que complica ainda mais o comércio internacional

• Níveis mais elevados de incerteza económica, que criam uma variabilidade adicional na procura e na oferta e dificultam o equilíbrio entre a oferta e a procura

• Ciclos de vida mais curtos dos produtos e taxas rápidas de mudança tecnológica, que aumentam a obsolescência das existências

• Clientes exigentes que criaram pressões adicionais em termos de tempo de colocação no mercado, exigindo melhores entregas atempadas, taxas de preenchimento de encomendas e eficiências globais ao nível do serviço.

• Restrições de capacidade do lado da oferta, tornando mais difícil satisfazer as necessidades da procura,

• As catástrofes naturais e os fenómenos ambientais externos, que podem causar estragos nas cadeias de abastecimento mundiais.

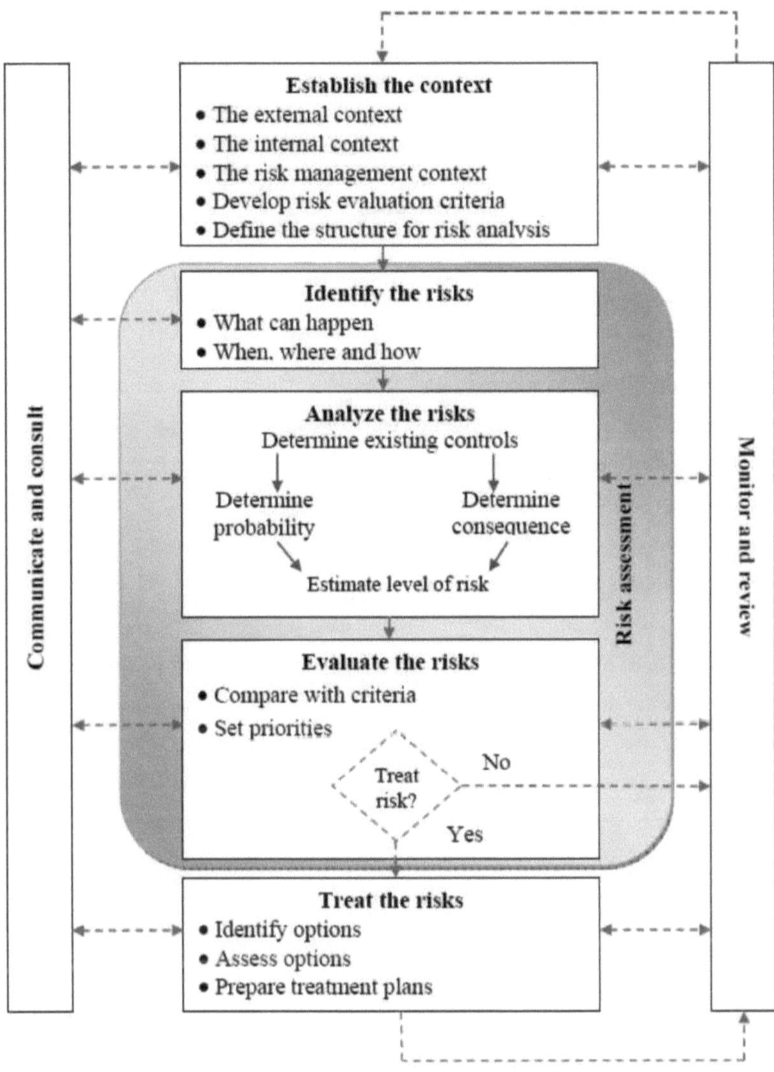

Fig- 3.2 Pormenores do processo de gestão do risco

O processo de gestão do risco é composto por sete subprocessos iterativos apresentados na figura 3.2, que se seguem.

- ## Comunicar e consultar

A comunicação e a consulta têm por objetivo identificar quem deve participar na avaliação do risco, incluindo a identificação, a análise e a avaliação, e quem participará no tratamento, no acompanhamento e na revisão do risco. Essas pessoas devem compreender a base da tomada de decisões e a razão pela qual são necessárias determinadas acções.

- ## Estabelecer o contexto

Ao estabelecer o contexto, a organização define os parâmetros a ter em conta na gestão do risco e estabelece o âmbito e os critérios de risco para o restante processo. Este processo tem de ser considerado em maior pormenor e, em particular, a forma como se relaciona com o âmbito do processo de gestão do risco específico.

- ## Identificação dos riscos

A identificação do risco é a etapa básica da gestão do risco. Esta etapa revela e determina os riscos potenciais que são muito frequentes e outros eventos que ocorrem com muita frequência. O risco é investigado através da análise da atividade das organizações em todas as direcções e da tentativa de introduzir a nova exposição que surgirá no futuro devido à alteração do ambiente interno e externo. Uma identificação correcta dos riscos garante a eficácia da gestão dos riscos.

- ## Análise de risco

A análise de risco consiste em avaliar o impacto potencial da exposição e a probabilidade de ocorrência efectiva de um determinado resultado. O impacto da exposição deve ser considerado no âmbito dos elementos tempo, qualidade, benefícios e recursos. Esta etapa determina a probabilidade e as consequências de um impacto negativo e, em seguida, estima o nível de risco através da combinação da probabilidade e das consequências.

- ## Avaliação dos riscos

Antes de determinar a probabilidade, é essencial considerar a tolerância ao risco. As organizações terão em conta a "apetência pelo risco" (a quantidade de risco que estão dispostas a assumir) e decidirão sobre o risco aceitável ou inaceitável. O nível aceitável de risco depende do grau de voluntariedade. A avaliação do risco é importante para dar sentido a situações específicas e fornece material adequado para a tomada de decisões. Esta etapa consiste em decidir se os riscos são aceitáveis ou se necessitam de tratamento.

* <u>Tratamento de risco</u>

O tratamento do risco envolve a seleção e implementação de uma ou mais opções para o tratamento dos riscos. As normas australianas e neozelandesas (2004) oferecem as seguintes opções para o tratamento do risco: evitar o risco, alterar a probabilidade de ocorrência, alterar as consequências, partilhar o risco e reter o risco (o risco residual pode ser retido se estiver a um nível aceitável).

* <u>Controlo e revisão</u>

O controlo e a revisão constituem uma etapa essencial e integrante do processo de gestão do risco. O risco precisa de ser monitorizado para garantir que o ambiente em mudança não altera as prioridades do risco e para garantir que o processo de gestão do risco é eficaz tanto na conceção como na operação. A organização deve efetuar a revisão pelo menos uma vez por ano.
O processo de gestão dos riscos ilustra o seu carácter cíclico. Deve ser parte integrante da gestão.

3.3 Fases de uma avaliação de risco da cadeia de abastecimento

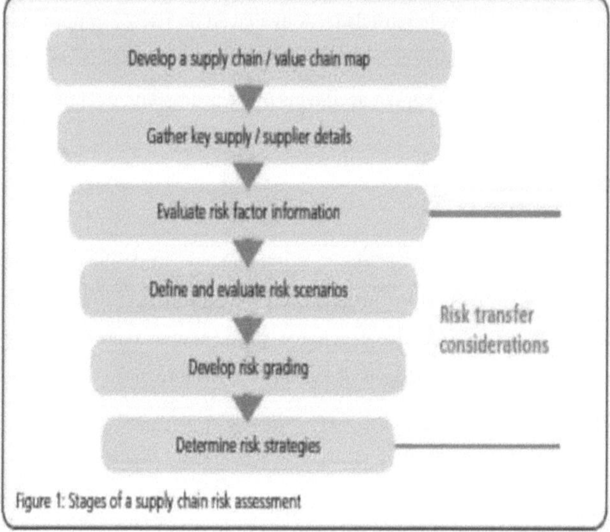

Fig 3.3 Fases da avaliação do risco da cadeia de abastecimento

3.4 Analisar e mitigar proactivamente o risco da cadeia de abastecimento

Existem três fases principais para gerir proactivamente o risco da cadeia de abastecimento:

- Visualizar e compreender os riscos que se aplicam à cadeia de abastecimento

- Medir e priorizar os riscos

- Tomar medidas - decidir quais os riscos que devem ser tratados e desenvolver estratégias de atenuação para esses riscos

<u>Visualizar e compreender os riscos</u>

O primeiro passo é avaliar as fontes de abastecimento para determinar quais são as mais críticas para o negócio. A abordagem mais eficaz consiste em avaliar quais os fornecedores que mais contribuem para as receitas de nível superior. Um fabricante contratado de baixo risco que utiliza fontes de alto risco continua a ser um risco elevado. Esta análise alargada e profunda requer uma ferramenta que proporcione visibilidade a toda a cadeia de fornecimento, incluindo os fornecedores de nível inferior.

Os riscos da cadeia de abastecimento assumem muitas formas. É da responsabilidade da equipa de avaliação de riscos imaginar e compreender estes vários tipos de riscos. Os riscos da cadeia de abastecimento, a um nível elevado, enquadram-se nas seguintes categorias gerais:

- Catástrofes naturais (condições meteorológicas adversas, incêndios, terramotos) - É muito difícil planear este tipo de acontecimentos; no entanto, o conhecimento da geografia local de uma fonte de abastecimento ajuda a identificar os fornecedores mais expostos a riscos (a zona é conhecida pela ocorrência de furacões, terramotos ou incêndios florestais?)
- Gripe/Pandemia - Estes tipos de eventos são semelhantes às catástrofes naturais, na medida em que são muito difíceis de prever.
- Riscos económicos - Que fontes de abastecimento estão a passar por dificuldades financeiras?
- Riscos políticos - Que fontes de abastecimento se encontram em zonas politicamente instáveis do mundo?
- Transporte - Que vias de transporte são utilizadas para movimentar materiais e produtos acabados? E se essa via for encerrada? (Ver barra lateral na página anterior.)
- Procura instável - A procura é relativamente estável? E se a procura ficar muito aquém das expectativas? Qual será o passivo de inventário da empresa? Se a procura exceder em muito as expectativas, a cadeia de abastecimento será capaz de a acompanhar?
- Fornecimento instável - A fonte é fiável? Fornecem produtos de boa qualidade e a tempo e horas?

Medir e priorizar os riscos

Cada fornecedor deve ser pontuado de acordo com os factores de risco acima referidos e, em seguida, representado numa matriz de risco semelhante à apresentada abaixo.

Tomar medidas

Uma vez compreendidos os vários factores de risco, é necessário determinar as medidas a tomar. Nem todos os riscos serão necessariamente abordados. Para os riscos que se enquadram nas áreas verdes da matriz, uma empresa pode decidir não desenvolver uma estratégia de mitigação.

3.5 TIPOS DE RISCOS

1. Riscos de fornecimento

Os riscos de aprovisionamento incluem a rutura do inventário de aprovisionamento, dos horários e do acesso à tecnologia; a escalada dos preços; os problemas de qualidade. A escalada de preços também pode levar a riscos de abastecimento na gestão da cadeia de abastecimento.

O risco de aprovisionamento é a probabilidade de ocorrência de um incidente associado ao aprovisionamento de entrada proveniente de falhas individuais do fornecedor ou do mercado de aprovisionamento, cujos resultados resultem na incapacidade da empresa compradora para satisfazer a procura do cliente ou causar ameaças à vida e segurança do cliente.

O risco de oferta é o equivalente a montante do risco de procura; diz respeito a perturbações potenciais ou efectivas do fluxo de produtos ou de informações que emanam da rede, a montante da empresa focal.

De acordo com a Aberdeen Research, mais de 80% dos executivos de gestão de aprovisionamento informaram que as suas empresas sofreram interrupções no aprovisionamento nos últimos 24 meses e que estas falhas no aprovisionamento tiveram um impacto negativo nas relações com os clientes, nos lucros, nos ciclos de tempo até ao mercado, nas vendas e na perceção geral da marca. Também descobriram que menos de metade das empresas estabeleceram métricas e procedimentos para avaliar e gerir os riscos de aprovisionamento e que muitas organizações de aprovisionamento não dispõem de inteligência de mercado, competências e sistemas de informação suficientes para prever e mitigar eficazmente os riscos de aprovisionamento.

Perda de lucros devido a interrupções no fornecimento

Considere-se um fabricante que mantém um stock de segurança para um produto que fabrica. Em muitos produtos de base, as margens de lucro são baixas. Suponhamos que a margem de lucro é de 10%. O gráfico acima mostra o impacto de uma interrupção de fornecimento de 10 dias nos lucros. Uma vez que o stock de segurança pode cobrir parte da interrupção do fornecimento, quanto maior for o stock de segurança, menor será a perda de lucro. Por exemplo, se o stock de segurança for de 8 dias, apenas se perdem 2 dias de receitas e, por conseguinte, o lucro cessante corresponde apenas a

2 dias de vendas.

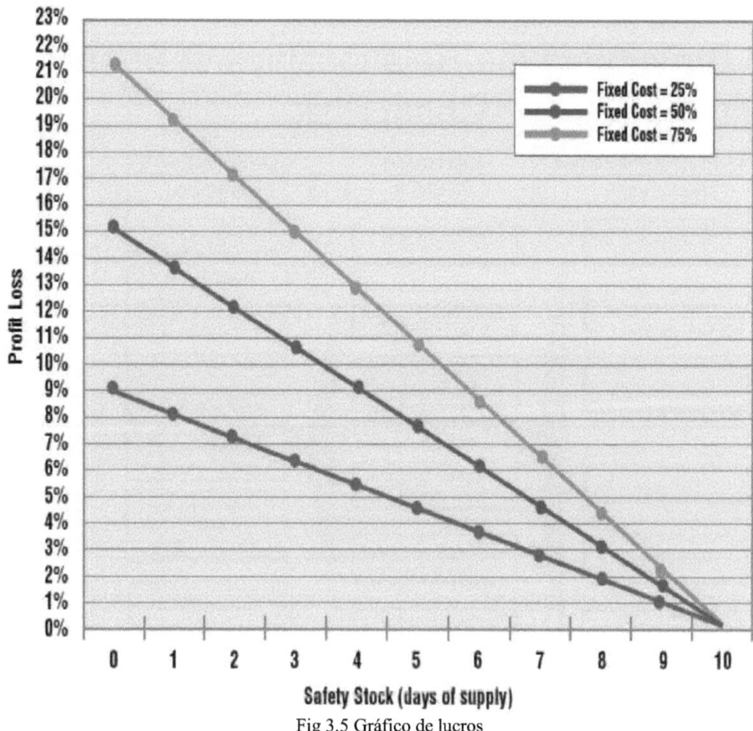

Fig 3.5 Gráfico de lucros

A perda de lucro correspondente varia entre 2% e 4%, consoante o nível dos custos fixos. A figura (acima) mostra que um fabricante com 75% de custos fixos (em algumas indústrias transformadoras, como a dos semicondutores, os custos fixos podem ser muito elevados) pode perder mais do dobro do que um fabricante com 25% de custos fixos, caso não detenha qualquer stock de segurança.

Os riscos de aprovisionamento são os seguintes

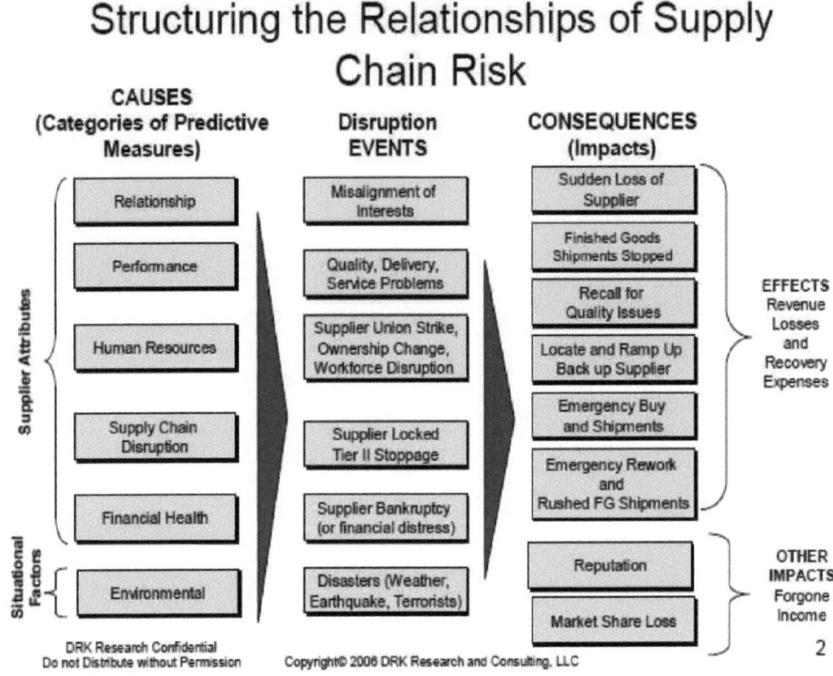

Fig 3.6 Vários riscos de fornecimento

2. Riscos para a procura

Os riscos de procura resultam de uma rutura das operações; de uma capacidade de fabrico ou de transformação inadequada; de níveis elevados de variações de processos; de alterações na tecnologia. A amplificação da procura pode ter consequências graves devido ao aumento da incerteza e aumenta a importância da gestão do risco.

No caso de uma procura positiva, a deterioração das existências e a canibalização das vendas produzem perdas de rendimento. A incerteza alimenta a necessidade de gestão do risco, embora o risco, se for adequadamente medido, possa ser menor do que a incerteza, se for mensurável. A previsão pode ser vista como uma ponte entre a incerteza e o risco se uma previsão eliminar alguns graus de incerteza, mas, por outro lado, pode, por exemplo, aumentar o risco de inventário. Por conseguinte, a previsão continua a apresentar desafios significativos.

Durante um período de recessão, a amplificação causa possíveis faltas de volume de produtos (os produtos não são encomendados, mesmo que a procura não diminua) e de variedade, bem como de capacidade ociosa nas operações e envolve potenciais custos de despedimento. No caso de uma procura positiva, Towill (2005) identifica que a deterioração das existências e a canibalização das vendas produzem perdas de rendimento.

O risco de procura está relacionado com perturbações potenciais ou efectivas do fluxo de produtos, informações e dinheiro, provenientes do interior da rede, entre a empresa focal e o seu mercado. Existe um grande número de trabalhos publicados que se centram em modelos analíticos para determinar a quantidade óptima de encomendas para um único fornecedor em caso de incerteza da procura. Quando os prazos de entrega são determinísticos, todos os modelos partem do princípio de que o fornecedor com um prazo de entrega mais curto cobra um custo unitário mais baixo. Devido à complexidade da análise, a maioria dos modelos a tempo discreto restringe-se a dois fornecedores com prazos de entrega diferentes de um período.

Uma perturbação que afecte uma entidade em qualquer ponto da cadeia de abastecimento pode ter um efeito direto na capacidade de uma empresa para continuar as operações, colocar produtos acabados no mercado e prestar serviços essenciais aos clientes. Uma revelação surpreendente nas entrevistas foi o fraco estado de preparação para as perturbações nalgumas empresas, independentemente de serem consideradas insignificantes e de haver pouca cooperação entre as organizações que operam na mesma cadeia de abastecimento.

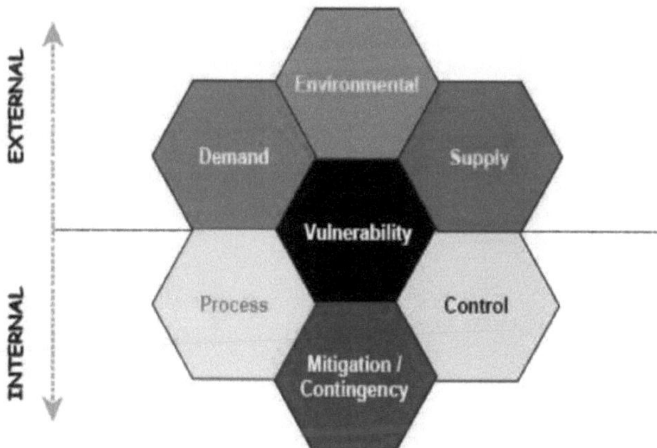

Fig 3.7- Factores de risco da cadeia de abastecimento

Em vez de se centrarem em políticas de encomenda óptimas, Naguney et al. (2005) desenvolvem um modelo para analisar o comportamento de equilíbrio de uma cadeia de abastecimento a três níveis, constituída por fabricantes, distribuidores e retalhistas. Considerando a incerteza da procura ao nível do retalhista, formulam o problema a cada nível como um problema de programação não linear. Para os retalhistas, o objetivo é determinar a quantidade óptima de encomendas para cada retalhista com base no preço por grosso determinado pelos distribuidores. No entanto, para os distribuidores, o objetivo é determinar o preço grossista ótimo com base no preço do fabricante. Ao considerar as condições de primeira ordem destes três problemas inter-relacionados, os autores mostram como reformular as condições de primeira ordem como um conjunto de desigualdades de variação.

3. **Riscos operacionais**

O risco operacional é definido como o potencial de uma operação gerar consequências negativas para várias partes interessadas externas e internas

Contingências operacionais

Estas incluem o mau funcionamento do equipamento e falhas sistémicas. Outras contingências importantes incluem a descontinuidade abrupta do fornecimento, por exemplo, quando um fornecedor principal cessa a sua atividade. A falência e outras formas menos graves de dificuldades financeiras e outras questões de carácter humano, desde greves a fraudes.

Os riscos operacionais resultam de uma rutura das operações; de uma capacidade de fabrico ou de transformação inadequada; de níveis elevados de variações do processo; de alterações na tecnologia. A maioria dos modelos quantitativos foi concebida para gerir os riscos operacionais. Embora estes modelos quantitativos forneçam frequentemente soluções rentáveis para a gestão dos riscos operacionais, não abordam a questão dos riscos de rutura de forma explícita.

Podemos resumir as principais conclusões sobre os riscos da seguinte forma:

A atitude dos gestores face aos riscos:
* Os gestores são muito pouco sensíveis às estimativas das probabilidades de resultados possíveis.
* Os gestores tendem a concentrar-se em objectivos de desempenho críticos, que afectam a

forma como gerem o risco.

- Os gestores fazem uma distinção clara entre correr riscos e jogar.

Atitude dos gestores em relação às iniciativas de gestão dos riscos de perturbação da cadeia de abastecimento:

- A maioria das empresas reconhece a importância dos programas de avaliação de riscos e utiliza diferentes métodos, desde modelos quantitativos formais a planos qualitativos informais, para avaliar os riscos da cadeia de abastecimento. No entanto, a maioria das empresas investiu pouco tempo ou recursos na mitigação dos riscos da cadeia de abastecimento.

- Devido à escassez de dados, é difícil obter boas estimativas da probabilidade de ocorrência de uma determinada perturbação e uma medida exacta do impacto potencial de cada catástrofe. Este facto torna difícil para as empresas efetuar uma análise custo/benefício ou uma análise de retorno do investimento para justificar determinados programas de redução de riscos ou planos de emergência.

- As empresas tendem a subestimar o risco de perturbação na ausência de uma avaliação exacta do risco da cadeia de abastecimento. Muitos gestores tendem a ignorar possíveis eventos que são muito improvávcis. Isto pode explicar a razão pela qual poucas empresas tomam medidas mensuráveis para mitigar os riscos de rutura da cadeia de abastecimento de uma forma proactiva. As empresas raramente investem em programas de melhoria de uma forma proactiva porque "ninguém recebe crédito por resolver problemas que nunca aconteceram".

4. <u>Riscos de segurança e proteção</u>

Os riscos de segurança e proteção resultam da segurança dos sistemas de informação, da segurança das infra-estruturas, das infracções ao transporte de mercadorias causadas por terrorismo, vandalismo, crime e sabotagem. Devido à complexidade da cadeia de abastecimento dos transportes, a gestão dos riscos é uma responsabilidade partilhada por todas as partes interessadas. Embora as suas funções e responsabilidades sejam diferentes, todas as pessoas envolvidas na cadeia de abastecimento, desde o fornecedor de matérias-primas, passando pelo fabrico e distribuição, até ao utilizador final, têm de compreender de que forma as suas actividades e acções podem ter impacto no risco da cadeia de abastecimento global.

A segurança do produto refere-se à entrega de um produto que não é afetado por contaminação, danos ou desvios intencionais na cadeia de abastecimento. Os problemas de segurança podem resultar das acções de terceiros que perturbam a cadeia de abastecimento para destruir bens, como no caso de um ataque terrorista, ou que alteram e deturpam um produto individual para obter ganhos económicos, como no caso da contrafação.

Estes problemas incluem a substituição deliberada de materiais/componentes, a contaminação ou adulteração de um produto, ou a representação errónea de um produto contrafeito como autêntico através da contrafação de rótulos, embalagens ou instruções. Embora qualquer uma destas acções possa conduzir a um produto inseguro ou nocivo, também pode conduzir a um produto ineficaz. No caso dos diagnósticos médicos, um dispositivo de teste comprometido ou contrafeito pode não conseguir diagnosticar com exatidão uma condição médica, causando um erro no tratamento prescrito e uma possível deterioração da saúde geral de um doente. Assim, embora o doente não sofra qualquer dano no momento da utilização, um produto contrafeito pode provocar um atraso no tratamento adequado, um tratamento ineficaz ou um tratamento incorreto, o que pode pôr em perigo a saúde do doente.

Segurança e proteção dos produtos em sectores críticos

- Segurança e proteção dos alimentos

Não é de surpreender que a segurança dos produtos alimentares tenha sido um tema de debate durante séculos. A primeira lei conhecida relativa à pureza dos produtos alimentares é conhecida como a "Lei da Pureza da Cerveja Alemã". Do ponto de vista da segurança, as cadeias de abastecimento alimentar apresentam uma série de vulnerabilidades.

Em primeiro lugar, lidam com produtos naturais, muitos dos quais são perecíveis e podem tornar-se prejudiciais para os consumidores se não forem geridos de forma atempada e segura. Em segundo lugar, as cadeias de abastecimento alimentar tendem a ser longas, globais e altamente interligadas, o que conduz a uma maior exposição ao risco. Em terceiro lugar, os produtos alimentares e bebidas correm o risco de adulteração intencional ou não intencional e podem mesmo ser alvo de ameaças terroristas.

A investigação de Voss et al. (2009) explora os compromissos entre preço, entrega, qualidade e segurança na seleção de fornecedores nas cadeias de abastecimento alimentar dos EUA. A sua investigação conclui que, em geral, as considerações de segurança tendem a ser menos importantes na seleção de fornecedores quando comparadas com a qualidade, a entrega e o preço. Argumentam que esta menor prioridade pode ser um fator subjacente à frequência dos incidentes de segurança alimentar. No entanto, os seus resultados também indicam que a segurança é mais importante em determinadas circunstâncias, particularmente quando os produtos são provenientes do estrangeiro. As falhas na segurança alimentar podem ter consequências negativas graves não só para os consumidores, mas também para as empresas envolvidas. O pior cenário ocorre quando os incidentes provocam mortes ou doenças.

O erro humano e as limitações da tecnologia de segurança alimentar significam que, de tempos a tempos, os consumidores enfrentam riscos de segurança alimentar. A maioria dos incidentes de segurança alimentar não conduzem à morte ou doença e, em muitos casos, os produtos podem ser recolhidos antes de chegarem ao consumidor. No entanto, as recolhas podem ser complexas e dispendiosas e podem prejudicar a reputação de uma empresa.

Um estudo de Thomsen e McKenzie (2001) utiliza a análise de eventos para avaliar o impacto das recolhas de produtos nas perdas dos accionistas. Concluem que, nos casos em que o produto recolhido representa uma ameaça grave para a saúde dos consumidores, há uma perda de riqueza dos accionistas entre 1,5% e 3%. No entanto, concluem também que as recolhas que envolvem infracções menos graves não têm impacto negativo na riqueza dos accionistas.

- Segurança e proteção farmacêutica

Desde as mortes causadas pelo Tylenol em 1982, a atenção do público foi despertada para a vulnerabilidade dos produtos farmacêuticos na cadeia de abastecimento. Os produtos farmacêuticos são substâncias químicas utilizadas para diagnosticar, curar, tratar ou prevenir doenças ou condições médicas adversas. Estão entre os produtos mais regulamentados de todos, com muitas nações a aplicarem regulamentos rigorosos sobre a comercialização e venda de medicamentos. Uma vez que são metabolizados no corpo, os produtos farmacêuticos estão sujeitos a muitos dos mesmos regulamentos encontrados na indústria alimentar.

No entanto, uma vez que um medicamento deve ser comprovadamente seguro e eficaz no cumprimento do objetivo médico a que se destina, o processo de aprovação contém controlos adicionais, como a revisão médica e científica, bem como ensaios clínicos com doentes, para testar empiricamente a sua eficácia na população. Em medicina e nas ciências da vida, a segurança dos medicamentos significa a eficácia do tratamento, a ausência de efeitos secundários graves e a minimização de quaisquer interacções com outros medicamentos que o doente possa estar a tomar. .

Especificamente, analisamos três problemas: (1) a contaminação e a substituição de ingredientes activos e inactivos na cadeia de abastecimento global; (2) a contrafação de medicamentos; e (3) o aumento dos distribuidores secundários. Todos estes problemas têm o potencial de introduzir riscos para a segurança dos doentes na cadeia de abastecimento e criar responsabilidades, recolhas e perdas dispendiosas para o fabricante da marca.

Existem 3 grandes problemas neste domínio

(1) Contaminação e substituição de ingredientes activos e inactivos na cadeia de abastecimento global
 (2) Contrafação de medicamentos
 (3) A ascensão dos distribuidores secundários.

A longa cadeia de abastecimento, com o aprovisionamento, o fabrico, a embalagem e a distribuição a ocorrerem em diferentes locais a nível mundial, aumentou os riscos de contaminação ou de substituição de ingredientes alternativos, como no caso do acidente com a heparina em 2008. O segundo problema, a contrafação, é subtilmente diferente da contaminação, uma vez que se refere à produção intencional e fraudulenta de medicamentos para obter ganhos económicos. As fontes do problema estão muito relacionadas com as mudanças na cadeia de abastecimento. Incluem farmácias e vendedores na Internet, muitas vezes localizados noutros países, que distribuem e vendem medicamentos contrafeitos.

- Segurança e proteção dos dispositivos médicos

Os rápidos desenvolvimentos tecnológicos na indústria de produtos médicos criaram carteiras de produtos farmacêuticos e dispositivos médicos inovadores e aperfeiçoados que ajudaram a melhorar a saúde humana e a aumentar a esperança de vida. No entanto, apesar deste progresso, existe uma preocupação crescente relativamente à segurança destes dispositivos, tal como evidenciado por uma amostra de algumas falhas de produtos bem publicitadas. Uma vez que o tipo e a natureza do risco de segurança podem variar muito, consoante a categoria do dispositivo, a FDA reconhece três classes gerais de dispositivos médicos com base no nível de risco que apresentam.

Os dispositivos da classe I são considerados produtos de menor risco e, por isso, sujeitos a um menor controlo. Estes dispositivos não se destinam a apoiar ou sustentar a vida e incluem produtos como monitores de temperatura e instrumentos cirúrgicos de mão.

Os dispositivos da classe II, como as bombas de infusão e os sensores de ultra-sons, podem estar sujeitos a controlos adicionais, como normas de desempenho para garantir que funcionam de forma fiável a um nível eficaz. Poderão surgir problemas de segurança se estes produtos funcionarem mal ou não tiverem um desempenho fiável.

Por último, os dispositivos da classe III estão sujeitos à regulamentação mais rigorosa, porque muitas vezes apoiam e sustentam a vida humana e representam sérios riscos para a segurança se forem considerados defeituosos ou não funcionarem de forma fiável. Exemplos de dispositivos da classe III incluem produtos terapêuticos sofisticados, como desfibrilhadores cardioversores implantáveis (CDI), pacemakers e stents vasculares que são implantados no corpo, bem como dispositivos de diagnóstico, como kits de teste de VIH. Embora possam ocorrer erros durante a conceção, fabrico, armazenamento, transporte ou utilização de qualquer classe de dispositivos, são normalmente os acidentes ou falhas associados aos dispositivos da classe III que recebem a atenção do público.

Um problema para a indústria tem sido a luta contínua para produzir um fluxo constante de produtos inovadores que satisfaçam as exigências do mercado e alimentem o crescimento das receitas, ao mesmo tempo que cumprem os regulamentos da FDA para testes e análises necessários para a aprovação antes da comercialização. As queixas de que o processo de aprovação regulamentar sufoca efetivamente a inovação porque custa demasiado e demora demasiado tempo no ciclo de desenvolvimento são contrariadas por estatísticas sobre o elevado número de recolhas na indústria de dispositivos médicos

- Segurança e proteção dos produtos de consumo e dos veículos a motor

Os veículos automóveis têm sido alvo de uma atenção considerável nos últimos tempos, devido a uma série de grandes recolhas de veículos efectuadas recentemente pela Toyota e por outros fabricantes de automóveis. Na década de 1980 e no início da década de 1990, a investigação sobre a segurança dos produtos de consumo centrava-se em questões de fabrico na fábrica, incluindo factores como o controlo da qualidade e, em certa medida, a conceção do produto. Recentemente, os problemas de segurança dos produtos de consumo podem ser atribuídos a mudanças nos sistemas de produção globais e à crescente complexidade das cadeias de abastecimento globais - especialmente as cadeias de abastecimento que atravessam mercados emergentes como a China.

Como as empresas de produtos de consumo transferiram grandes segmentos da sua produção para o estrangeiro, tem sido mais difícil manter a segurança dos seus produtos. Os defeitos de conceção incluem causas como a utilização de pequenas peças destacáveis que representam uma ameaça de deglutição ou defeitos de conceção de engenharia que podem causar o sobreaquecimento do produto. Os defeitos de fabrico incluem a utilização de peças contaminadas por materiais tóxicos ou erros de fabrico que conduzem a um mau funcionamento ou a uma explosão. Estes problemas incluem a utilização de um material inferior em vez de um material especificado, peças mal ajustadas e montagem incorrecta, ou baterias que sobreaquecem. De acordo com alguns autores, as recolhas relacionadas com a conceção estão a aumentar proporcionalmente mais depressa do que os defeitos relacionados com o fabrico.

Muitos dos defeitos que resultam em problemas de segurança dos produtos de consumo podem ser atribuídos à falta de processos de qualidade durante o desenvolvimento do produto, incluindo a engenharia e a conceção. Vários problemas de segurança com produtos fabricados em regiões em desenvolvimento do mundo estão ligados a acções intencionais de um fornecedor ou de uma empresa subcontratada para aumentar os lucros à custa da segurança. Outros defeitos de segurança relacionados com o fabrico são, em grande parte, problemas não intencionais no processo de fabrico especificado que não são reconhecidos até o produto estar nas mãos do consumidor.

As questões de segurança relacionadas com os defeitos de fabrico são geralmente incluídas em questões de qualidade mais vastas que têm sido bem estudadas. Recentemente, as atenções têm-se centrado na relação entre o fabrico racional e o aumento dos níveis de preocupações com a segurança.

A produção enxuta promete uma linha de produção de baixo custo e alta eficiência, mas também traz um risco.

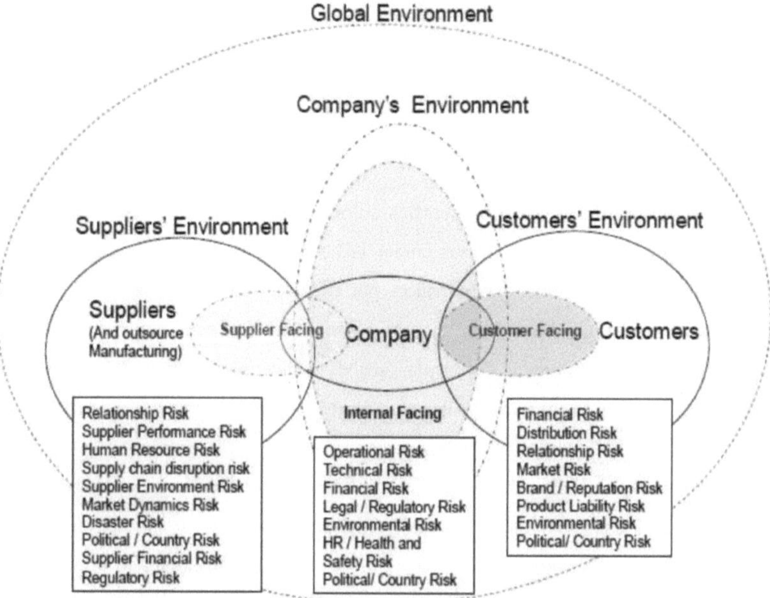

Fig-3.8 Perspectivas de risco da cadeia de abastecimento que incluem o risco operacional

Vários factores contribuem para a complexidade do transporte de matérias perigosas

- O grande número de materiais perigosos regulamentados (milhares estão listados em regulamentos em todo o mundo)
- Regulamentos que variam consoante o modo de transporte, a região e o país
- Diferentes critérios de perigosidade, incluindo toxicidade, inflamabilidade, corrosividade e reatividade.
- Vários modos de transporte, incluindo caminhos-de-ferro, estradas, marinha, oleoduto e ar.
- Vários tipos de embalagens, incluindo recipientes a granel e mais pequenos
- A utilização de mais do que um modo durante uma transferência
- A complexidade de uma cadeia de abastecimento, que inclui várias partes e envolve mudanças de custódia durante o trânsito
- Sobreposição e potencialmente falta de clareza das responsabilidades de várias partes
- Vias de transporte cujos perfis de risco podem variar consoante a proximidade do público e de outras zonas sensíveis.

Mesmo com as actuais práticas e regulamentos de segurança, estas complexidades contribuem para acidentes durante o transporte de materiais perigosos.

As infracções ao transporte de mercadorias causadas por terrorismo, vandalismo, crime e sabotagem também incluem os riscos de segurança e proteção que têm um efeito considerável no processo de gestão da cadeia de abastecimento.

5. Riscos sociais

Os riscos sociais são definidos como os desafios colocados pelas partes interessadas às práticas comerciais das empresas devido a impactos comerciais reais ou percebidos numa vasta gama de questões relacionadas com o bem-estar humano - por exemplo, condições de trabalho, qualidade ambiental, saúde ou oportunidades económicas. As consequências podem incluir danos na marca e na reputação, pressão regulamentar acrescida, acções judiciais, boicotes de consumidores e paragens operacionais - pondo em risco o valor para os accionistas a curto e longo prazo.

As questões sociais e ambientais estão a emergir como fontes problemáticas de riscos estratégicos. Estas questões podem representar riscos directos, ao representarem constrangimentos operacionais directos, ou indirectos - por exemplo, ao semearem riscos sociais ou ao serem contestadas pelas partes interessadas em relação às práticas comerciais da empresa devido a impactos reais ou percebidos em questões sociais ou ambientais.

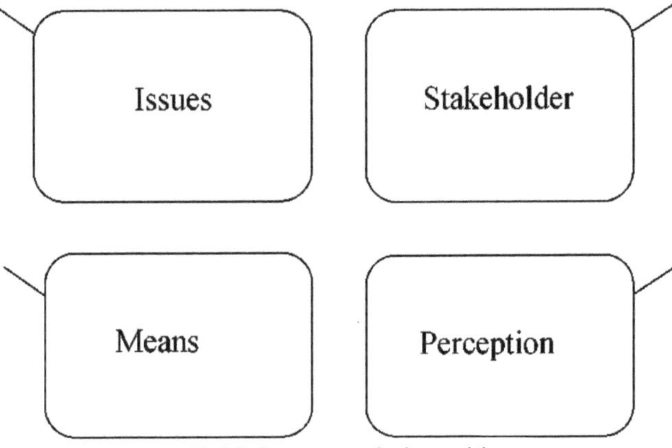

Fig 3.9- Componentes do risco social

6. **Outros riscos**

(i) Riscos macroeconómicos

Os riscos macroeconómicos resultam de alterações económicas nas taxas salariais, nas taxas de juro, nas taxas de câmbio e nos preços. As variações dos preços e das taxas de câmbio correspondem a riscos macroeconómicos.

(ii) Riscos de concorrência

Os riscos concorrenciais resultam da falta de informação sobre as actividades e os movimentos dos concorrentes.

(iii) Risco de recursos

Os riscos de recursos resultam de necessidades imprevistas de recursos.

Risco contínuo:

1. As taxas de juro afectam grandemente o nosso sector.

2. As alterações no IPC (índice de preços no consumidor) afectam grandemente a nossa indústria.

3. As alterações do PIB (produto interno bruto) afectam grandemente a nossa indústria.

4. As alterações nos preços das matérias-primas afectam grandemente a nossa indústria.

Riscos discretos:

1. O potencial de uma grande perturbação da SC devido a questões regulamentares é elevado.

2. O potencial de uma grande perturbação da CS devido a catástrofes de origem humana (por exemplo, terrorismo e instabilidade política) é elevado.

3. O potencial de uma perturbação importante da SC devido a um risco natural (por exemplo, terramotos, tempestades, inundações, incêndios, doenças) é elevado.

4. O potencial de uma perturbação importante da CS devido a uma perturbação dos transportes (acidente, greve dos sindicatos dos transportes, etc.) é elevado.

5. O potencial de uma perturbação importante da CS devido a outros eventos discretos é elevado (escala 1-10).

CAPÍTULO 4

ESTUDO DE CASO

Ranbaxy Pharmaceuticals Limited

Perfil da empresa

A Ranbaxy é uma empresa de 2 mil milhões de dólares com 6 unidades diferentes. Durante um período de cinco décadas, a Ranbaxy transformou-se de uma pequena empresa farmacêutica da Índia numa empresa multinacional com presença em 43 países e instalações de fabrico de classe mundial em 8 países. A Ranbaxy cobre 23 dos 25 principais mercados farmacêuticos do mundo, fornecendo uma vasta gama de medicamentos de qualidade e a preços acessíveis a clientes em mais de 125 países.

A força de trabalho multicultural da Ranbaxy, composta por mais de 14.000 pessoas de mais de 50 nacionalidades, dá a força para tornar os cuidados de saúde de qualidade acessíveis a todos, contribuindo para um mundo mais saudável e feliz.

A Ranbaxy é uma das principais empresas multinacionais da Índia no sector farmacêutico. Lida com grandes quantidades de exportações e importações de produtos farmacêuticos e, por conseguinte, necessitava de instalações de armazenamento extensivas. Tinha de armazenar as suas remessas e transportá-las por via aérea, marítima ou por uma combinação de ambas, ou seja, transporte multimodal.

A Ranbaxy encara as suas capacidades de I&D como uma componente vital da sua estratégia de negócio que proporcionará uma vantagem competitiva sustentável e a longo prazo. A empresa tem mais de 1.200 funcionários de P&D envolvidos em pesquisas inovadoras. A Ranbaxy está entre as poucas empresas farmacêuticas indianas que iniciaram o seu programa de investigação no final dos anos 70, em apoio às suas ambições globais. Em 1994, foi inaugurado um centro de P&D de classe mundial, o primeiro de seu tipo. Atualmente, a empresa tem centros de I&D multidisciplinares em Gurgaon, na Índia, com instalações dedicadas à investigação de genéricos e à investigação inovadora. O ambiente de P&D reflete o compromisso da Ranbaxy em ser líder no mercado de genéricos, oferecendo formulações de valor agregado e desenvolvimento de NDA/ANDAs, com base em sua capacidade de pesquisa do Sistema de Liberação de Novos Medicamentos (NDDS). O primeiro sucesso internacional significativo da Ranbaxy utilizando a plataforma de tecnologia NDDS ocorreu em setembro de 1999, quando a empresa concedeu a uma multinacional a licença da sua primeira formulação de administração única diária.

Realizei o meu estudo de caso na sucursal de Mohali da Ranbaxy Pharmaceuticals Limited. O estudo de caso incidiu sobre os vários factores de risco críticos que estavam envolvidos na cadeia de abastecimento da empresa.

Número total de produtos fabricados na fábrica de Mohali da Ranbaxy Pharmaceuticals Limited-3

Número total de embalagens fabricadas na fábrica de Mohali da Ranbaxy Pharmaceuticals Limited-1000

São fabricados 3 produtos diferentes em Mohali e são preparadas cerca de 1000 embalagens por mês.

No que respeita a esta fábrica em particular, existem 2 armazéns que são utilizados para armazenar os produtos fabricados.

Seguem-se os vários clientes relacionados com esta unidade de produção

- ESTADOS UNIDOS DA AMÉRICA
- Brasil
- Alemanha
- Nigéria
- África do Sul
- Canadá
- Austrália

As várias divisões da Ranbaxy Pharmaceuticals Limited são as seguintes

- Mohali
- Dewas (Madhya Pradesh)
- Gwalior (Madhya Pradesh)
- Baddi(Himachal Pradesh)
- Goa
- Toansa (Punjab)

De acordo com o estudo que realizei, os vários factores de risco críticos na Ranbaxy Pharmaceuticals Limited são os seguintes

1. Riscos de fornecimento

Os riscos de aprovisionamento incluem a perturbação do inventário de aprovisionamento, dos horários e do acesso à tecnologia; a escalada dos preços; problemas de qualidade. Sempre que o fornecimento do inventário necessário é insuficiente e a programação é incorrecta, surgem riscos de fornecimento. A escalada de preços também pode levar a riscos de abastecimento na gestão da cadeia de abastecimento.

Os diferentes riscos de aprovisionamento encontrados nesta unidade de produção são os seguintes

- Perda súbita de fornecedor
- Expedição de produtos acabados   paralisada
- Recolha por problemas de qualidade
- Localizar e reforçar o fornecedor de reserva
- Compras e expedições de emergência
- Falência do fornecedor

Segue-se o relatório anual das matérias-primas após o mês de dezembro da Ranbaxy pharmaceuticals limited

Raw materials	In rs. crore		Dec 2011
Product name	Unit	Quantity	Value
Zidovudine & Others	Metric Tonnes	91	119.39
Erythromycin A 95	Metric Tonnes	203	64.16
Other Products	Metric Tonnes	65	46.25
Cefuroxime Axetil	Metric Tonnes	36	25.71
7-Amino Desacetoxy Cephalosporic Acid (7-ADCA)	Metric Tonnes	50	12.57
6 Amino Penicillinic Acid	Metric Tonnes	93	11.99

2. Riscos para a procura

Alterar esta redação e escrever algo mais sobre o risco de procura e não copiar a matéria do capítulo 3

Os riscos de procura resultam de uma rutura das operações; de uma capacidade de fabrico ou de transformação inadequada; de níveis elevados de variações de processos; de alterações na tecnologia. A amplificação da procura pode ter consequências graves devido ao aumento da incerteza e aumenta a importância da gestão do risco.

No caso de uma procura positiva, a deterioração das existências e a canibalização das vendas produzem perdas de rendimento. A incerteza alimenta a necessidade de gestão do risco, embora o risco, se for adequadamente medido, possa ser menor do que a incerteza, se for mensurável. A previsão pode ser vista como uma ponte entre a incerteza e o risco se uma previsão eliminar alguns graus de incerteza, mas, por outro lado, pode, por exemplo, aumentar o risco de inventário. Por conseguinte, a previsão continua a apresentar desafios significativos.

Segue-se o relatório anual dos produtos acabados após o mês de dezembro da Ranbaxy pharmaceuticals limited

Finished Products		in Rs. Cr.		Dec 2011	
Product Name	Unit	Installed Capacity	Production quantity	Sales quantity	Sales value
Active PharmaIngredients	Metric Tonnes	1377	885.20	753.32	3693.05
Tablets	Millions Numbers	11993	4592.10	7270.09	2121.36
Formulation (Capsules)	Millions Numbers	3698	1625.66	2089.93	594.17
Syrups & Powders Dry	Millions Bottles	78	26.97	51.37	162.58
Liquids	-	na	762.16	3855.09	117.36
Ampoules	Millions Numbers	48	93.23	102.86	97.04

3. Riscos operacionais

Alterar esta redação e escrever algo mais sobre o risco operacional e não copiar a matéria do capítulo 3

Os riscos operacionais resultam de uma rutura das operações; de uma capacidade de fabrico ou de transformação inadequada; de níveis elevados de variações do processo; de alterações na tecnologia. A maioria dos modelos quantitativos foi concebida para gerir os riscos operacionais. Embora estes modelos quantitativos forneçam frequentemente soluções rentáveis para a gestão dos riscos operacionais, não abordam a questão dos riscos de rutura de forma explícita

4. Riscos de segurança e proteção

Alterar esta redação e escrever algo mais sobre segurança e risco de segurança e não copiar a matéria do capítulo 3

Os riscos de segurança e proteção resultam da segurança dos sistemas de informação, da segurança das infra-estruturas, das infracções ao transporte de mercadorias causadas por terrorismo, vandalismo, crime e sabotagem. Devido à complexidade da cadeia de abastecimento dos transportes, a gestão dos riscos é uma responsabilidade partilhada por todas as partes interessadas.

Embora as suas funções e responsabilidades sejam diferentes, todas as pessoas envolvidas na cadeia de abastecimento, desde o fornecedor de matérias-primas, passando pelo fabrico e distribuição, até ao utilizador final, têm de compreender de que forma as suas actividades e acções podem ter impacto no risco para a cadeia de abastecimento global.

A segurança do produto refere-se à entrega de um produto que não é afetado por contaminação, danos ou desvios intencionais na cadeia de abastecimento. Os problemas de segurança podem resultar das acções de terceiros que perturbam a cadeia de abastecimento para destruir bens, como no caso de um ataque terrorista, ou que alteram e deturpam um produto individual para obter ganhos económicos, como no caso da contrafação.

Neste estudo, dá-se preferência à segurança e proteção dos dispositivos médicos.

Os rápidos desenvolvimentos tecnológicos na indústria de produtos médicos criaram carteiras de produtos farmacêuticos e dispositivos médicos inovadores e aperfeiçoados que ajudaram a melhorar a saúde humana e a aumentar a esperança de vida. No entanto, apesar deste progresso, existe uma preocupação crescente relativamente à segurança destes dispositivos, tal como evidenciado por uma amostra de algumas falhas de produtos bem publicitadas. Uma vez que o tipo e a natureza do risco de segurança podem variar muito, consoante a categoria do dispositivo, a FDA reconhece três classes gerais de dispositivos médicos com base no nível de risco que apresentam.
Os dispositivos da classe I são considerados produtos de menor risco e, por isso, sujeitos a um menor controlo. Estes dispositivos não se destinam a apoiar ou sustentar a vida e incluem produtos como monitores de temperatura e instrumentos cirúrgicos de mão.

Os dispositivos da classe II, como as bombas de infusão e os sensores de ultra-sons, podem estar sujeitos a controlos adicionais, como normas de desempenho, para garantir que funcionam de forma fiável a um nível eficaz. Poderão surgir problemas de segurança se estes produtos funcionarem mal ou não tiverem um desempenho fiável.

Por último, os dispositivos da classe III estão sujeitos à regulamentação mais rigorosa, porque muitas vezes apoiam e sustentam a vida humana e representam sérios riscos para a segurança se forem considerados defeituosos ou não funcionarem de forma fiável. Exemplos de dispositivos da classe III incluem produtos terapêuticos sofisticados, como desfibrilhadores cardioversores implantáveis (CDI), pacemakers e stents vasculares que são implantados no corpo, bem como dispositivos de diagnóstico, como kits de teste de VIH. Embora possam ocorrer erros durante a conceção, fabrico, armazenamento, transporte ou utilização de qualquer classe de dispositivos, são normalmente os acidentes ou falhas associados aos dispositivos da classe III que recebem a atenção do público

Seguem-se os vários ingredientes farmacêuticos activos utilizados no fabrico da Ranbaxy pharmaceuticals limited:-.

Anti-diabéticos

- Linagliptina
- Repaglinida
- Saxagliptina*
- Sitagliptina*
- Vildagliptina*
- Voglibose

Antibióticos

- Amoxicilina tri-hidratada
- Cloxacilina sódica
- Tigeciclina

Anti-virais

- Adefovir
- Atazanavir
- Darunavir*
- Emtricitabina
- Elvitagravir
- Entecavir*
- Lopinavir
- Nevirapina
- Rilpivirina*
- Ritonavir
- Telaprevir*

- Telbivudina
- Tenofovir
- Valaciclovir

CONCLUSÃO

Mesmo após a definição de estratégias e a prioritização dos factores de risco na cadeia de abastecimento no contexto das organizações industriais, nem todos os riscos podem ser evitados. O planeamento da atenuação dos riscos proporciona à organização um processo de tomada de decisões mais maduro para enfrentar perdas inesperadas causadas por acontecimentos imprevistos. A existência da cadeia de abastecimento pode ser observada tanto nas indústrias de serviços como nas indústrias transformadoras e a variação da complexidade ocorre de indústria para indústria e de empresa para empresa. Para além de outras questões, as organizações devem considerar os custos globais, incluindo o custo do espaço e as despesas relacionadas com a realização de negócios fora do país. Assim, as dimensões socioeconómica, política e cultural podem ser consideradas como questões importantes para a gestão dos riscos da cadeia de abastecimento. Esta investigação fornece um apoio parcial à explicação das questões de atenuação dos riscos no contexto das questões da cadeia de abastecimento. Os factores prioritários ajudariam os gestores da cadeia de abastecimento a identificar, avaliar e planear os riscos. Espera-se que os resultados deste estudo de investigação sejam benéficos para as organizações que pretendam tirar partido das vantagens de um bom funcionamento da gestão da cadeia de abastecimento. Se os riscos forem controlados eficazmente, a eficiência da cadeia de abastecimento manterá um equilíbrio entre as considerações financeiras e as do cliente.

Nesta investigação, a ênfase principal foi colocada nos factores de risco críticos envolvidos na implementação da GCS.

Para esse efeito, ou seja, para estudar os factores de risco críticos, foi realizado um estudo de caso na Ranbaxy Pharmaceuticals, em Mohali. Após a realização do estudo de caso, foram identificados vários factores de risco que influenciaram, de uma forma ou de outra, a aplicação da GCS na indústria.

Os diferentes riscos de aprovisionamento encontrados nesta unidade de produção são os seguintes

- Perda súbita de fornecedor
- Expedição de produtos acabados paralisada
- Recolha por problemas de qualidade
- Localizar e reforçar o fornecedor de reserva
- Compras e expedições de emergência

- Falência do fornecedor

Existe uma grande margem para alargar o nosso trabalho de investigação no domínio da aplicação de factores de risco críticos nos sistemas da cadeia de abastecimento. Para além da indústria transformadora em particular, os investigadores também podem considerar outra variedade de organizações como o retalho, a indústria farmacêutica, a aviação, a construção, etc. Há margem para melhorar este estudo, tendo em conta diferentes sectores e aumentando o número de inquiridos. Devido à falta de tempo e ao nível de estudo, esta investigação não pôde ser alargada para explorar os inconvenientes existentes nos actuais factores de risco e a sua eficácia em termos de custos. O mesmo poderá ser estudado num futuro próximo. Vários factores de risco críticos indirectos que têm um efeito considerável nos sistemas da cadeia de abastecimento devem ser explorados nos próximos projectos de investigação.

<u>REFERÊNCIAS</u>

1. Basu Rana et.al, 2011, -*Analyzing the risk factors of supply chain management in Indian Manufacturing Organizations""*, Journal of Social and Development Sciences 1,3, 109-114.

2. Datta Shoumen et.al, 2008, *"Forecasting and Risk Analysis in Supply Chain Management"*, Forecasting and Risk Analysis in Supply Chain Management, 1-22

3. Flores Myrna et.al, *Critical Success Factors And Challenges To Develop New Sustainable Supply Chains In India Based on Swiss Experiences"*.

4. Giunipero Larry C. e Reham Aly Eltantawy, 2004, -*Securing the upstream supply chain: a risk management approach"*, International Journal of Physical Distribution & Logistics Management 34, 698-713

5. Haywood Maj. Marc e Dr Helen Peck, *"An Investigation into the Management of Supply Chain Vulnerability in UK Aerospace Manufacturing"*.

6. Knemeyer A. Michael, et.al, 2009, -*Proactive planning for catastrophic events in supply chains"*, Journal of Operations Management 27 , 141-153.

7. Kwon Ik-Whan G. e Taewon Suh, 2004, -*Factors Affecting the Level of Trust And Commitment In Supply Chain Relationships""*, The Journal of Supply Chain Management.

8. Kleindorfer Paul R. e Germaine H. Saad ,2005, -*Managing Disruption Risks in Supply Chains""*, Production and Operations Management Society 00, 000-000

9. Kim Soo Wook, *2009, "An investigation on the direct and indirect effect of supply chain integration on firm performance"*, Int. J. Production Economics 119, 328-346.

10. Maruchecka Ann et.al, 2011 *"Product safety and security in the global supply chain: Issues, challenges and research opportunities"*, Journal of Operations Management 29 , 707-720.

11. McCormack Dr. Kevin et.al ,2008,"*'Managing Risk in Your Organization with the SCORMethodology"*, The Supply Chain Council Risk Research Team

12. Melo M.T. et.al, 2009, *"Facility location and supply chain management - A review"*, European Journal of Operational Research 196, 401-412.Christopher S. Tang, *2006, "Perspectives in supply chain risk management"*, Int. J. Production Economics 103, 451-488.

13. Naslund Dag e Steven Williamson, 2010, - *What is Management in Supply Chain Management?-A Critical Review of Definitions, Framework and Terminology"*, Journal of Management Policy and Practice 4, 11-28.

14. Niemi Petri et.al, 2007, -*Improving the impact of quantitative analysis on supply chain making policy"*, Int. J. Production Economics 108 , 165-175.

15. Speira Cheri et.al, 2011, -*Global supply chain considerations: Mitigating product safety and*

security risks", Journal of Operations Management 29, 721-736.

16. Swanson Marianne, 2010,-Piloting Supply *Chain Risk Management for Federal Information Systems"*, Piloting Supply Chain Risk Management Practices for Federal Information Systems 2.

17. Srividya V.S e Raj Jayaraman, 2007, -*Management of supplier risks in global supply chain"*, SETLabs Briefings 5.

18. Tuncel Gonca & Gulgu Alpan,2010 *"Risk assessment and management for supply chain networks: Um estudo de caso"*, Computers in Industry 61, 250-259.

19. Vilko Jyri P.P.& JukkaM.Hallikas, *"Risk assessment in multimodal supply chains"*, Int. J.Production Economics.

20. Wilding Richard, 2007, *"The Mitigation of Supply Chain Risk"*, Institute of Supply Management, USA 18, 12-13.

21. De Xia a & Bo Chen, 2011,". *Um modelo abrangente de tomada de decisões para a gestão dos riscos da cadeia de abastecimento "*, Expert Systems with Applications 38, 4957-4966.

Printed by Books on Demand GmbH, Norderstedt / Germany